H VW 253H
H VW 281H
H VW 249H

75
Jahre

Arne Olerth | Christian Schlüter | Heiko P. Wacker

# BULLI

## Eine Ikone feiert Geburtstag

HEEL

HEEL Verlag GmbH
Gut Pottscheidt
53639 Königswinter
Telefon 0 22 23 / 92 30-0
Telefax 0 22 23 / 92 30 26
Mail: info@heel-verlag.de
Internet: www.heel-verlag.de



Chefredakteur: Arne Olerth
Co-Autoren: Christian Schlüter, Heiko P. Wacker
Projektmanagement: Thorsten Elbrigmann



Gestaltung und Satz: F5 Mediengestaltung, Ralf Kolmsee, Bonn

Printed in Czech Republic , 1. Auflage 2025



ISBN: 978-3-69019-500-3

Bildnachweise:

Alle Abbildungen stammen, soweit nicht anders vermerkt, aus dem Archiv des Heel-Verlages und der Volkswagen AG

ABT Sportsline GmbH 189 oben
Christoph Ahrens (foto-noerd.de) 46 oben, 47, 114-117, 160-163
Katrin Baldrich 84, 85
Albert Basoli, Ramón Bertran 43-45
Andreas Becker, Promobil 164,165
Christoph Boltze 118, 119
Daniel Du Cross 40, 41
Alexander Dewald 120-125
Marcel Beloqui Evardone 36
Dominik Freund, #Freundship 158, 159
Alexander Heinrichs 39 unten
Stephan Lindloff / VWN 4-7, 236-239, 192, 193, 236, 239
Hardy Mutschler 200-211, 22-231, 240 oben, Buchrückseite
Christian Nissen 116 unten
Tino Pauli 74-77
Daniel Pendlebury / VWN 78-83
Kai Ole Petersen / VWN 88, 89
Porsche AG 31 unten
Stephan Repke 32-35
Christine und Lukas Sanders, #Bodenfreiheit 152-157
Henning Scheffen / VWN 96, 97
Seikel GmbH 179
Christian Schlüter 240 unten
Eric Sell 37,38
Jona Siegrist 126,127
Jan Sobotkiewicz 86, 87
Arne Steffen 46 unten
Axel Struwe (Struwe-Fotodesign.de) 48-51
VW Nutzfahrzeuge Titel, Vorsatz, Nachsatz, 5-9, 13 oben rechts, 18-20, 27 unten, 30, 60, 61, 68, 70, 73, 92, 93, 102-113, 130, 131, 136, 137, 138 oben, 139, 142, 143, 145, 147, 148, 151, 168-170, 172-176, 177 Mitte, 178, 179 unten beide, 180 unten & oben rechts, 181-189, 194- 201, 212-221, 233-235

# Inhalt

Oldtimer
WOB 04280

Oldtimer
H VW 249H

CALIFORNIA
H VW 142

H CA 117

# Vorwort

Liebe Leserinnen, liebe Leser,

am 8. März 1950 rollte der erste Volkswagen Typ 2 von den Montagebändern – als T1 oder einfach Bulli machte er schnell eine beispiellose und weltweite Karriere. Seitdem folgten ihm mehr als 12,5 Millionen weitere Fahrzeuge. Mit mittlerweile sieben Generationen ist der Bulli damit das erfolgreichste europäische Nutzfahrzeug aller Zeiten – und hat ein ganzes Segment begründet und bis heute definiert. Er steht wie kein anderes Fahrzeug für die Jahre des Wirtschaftswunders, seit 75 Jahren transportiert er Waren und Menschen: für HandwerkerInnen, Bäcker oder Wäschereien. Er bringt Ärzte und Polizistinnen an ihren Einsatzort. Und spätestens seit den 1960er-Jahren symbolisiert er als Freizeit- und Camping-Mobil auch die Sehnsucht vieler Menschen nach Freiheit und Unabhängigkeit.

Der Bulli ist bis heute das Herz der Marke Volkswagen Nutzfahrzeuge. In der siebten Generation begeistert er als Trio unsere Kundinnen und Kunden: für jede und jeden genau der richtige. Mit dem flexiblen Multivan, mit dem neuen Transporter, unserem „Workhorse“, und natürlich mit dem ID. Buzz, der besonders deutlich die Designsprache seines Urahns aufgreift.

Gleichzeitig steht der ID. Buzz für die Zukunft der Mobilität: nachhaltig, elektrisch und vernetzt. Mit ihm setzen wir neue Maßstäbe und führen die Tradition des Bullis in eine neue Ära.

In den vergangenen mehr als sieben Jahrzehnten hat der Bulli nicht nur die Automobilgeschichte geprägt, sondern auch die Kultur und den Lebensstil vieler Generationen maßgeblich beeinflusst. Jede Generation hat dabei ihre eigenen Geschichten und ihre ganz persönlichen Erinnerungen mit dem Bulli geschaffen. Wir möchten uns bei all den Menschen bedanken, die den Bulli zu dem gemacht haben, was er heute ist: ein Symbol für Zuverlässigkeit und Vielseitigkeit, für Freiheit und Abenteuerlust. Ohne die Leidenschaft und das Engagement unserer Mitarbeiterinnen und Mitarbeiter – vor allem aber ohne die Treue unserer Kundinnen und Kunden und unserer Fans wäre diese Erfolgsgeschichte nicht möglich gewesen.

In diesem Buch können Sie noch einmal alle Etappen der Bulli-Geschichte seit den 1950er Jahren nachlesen. Jede Menge Bulli-Geschichten aus 75 Jahren: von den Anfängen durch die bewegte Historie bis in die Gegenwart und Zukunft unserer Ikone. Wir zeigen die Menschen, die den Bulli gebaut haben und immer noch bauen – und die Menschen, die im Bulli und vom Bulli leben.

Ich wünsche Ihnen viel Spaß beim Stöbern, Lesen und Entdecken!

Ihr Lars Krause
Vorstand Marketing & Vertrieb
Volkswagen Nutzfahrzeuge

1950
1967

# ERSTE GENERATION – T1

# Aufbruch: Der Urvater schultert das Wirtschaftswunder

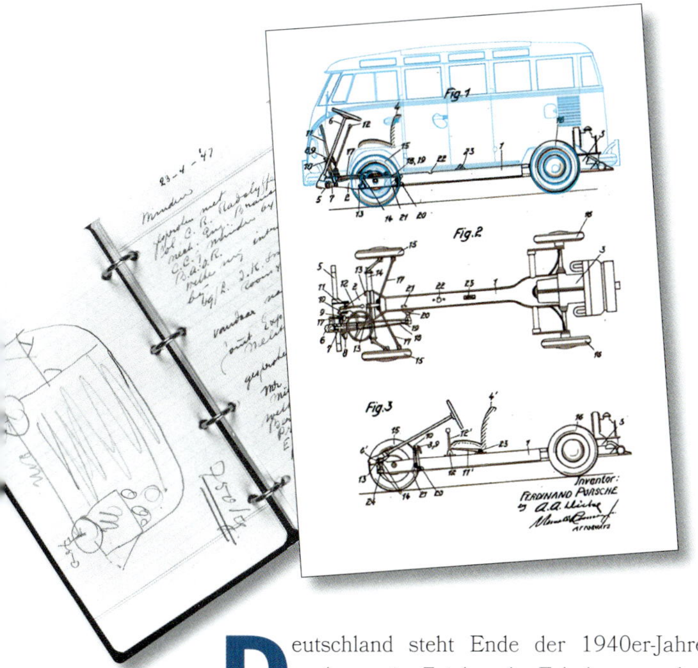


*Lange Zeit gilt Ben Pons Transporter-Skizze von 1947 (links) als Bulli-Geburtsurkunde, doch ein jüngst entdecktes Porsche-Patent (rechts), in Deutschland 1939 eingereicht, nimmt viele Merkmale des späteren VW-Transporters vorweg. Eine nachträglich einmontierte Bulli-Karosse (blau) verdeutlicht die Übereinstimmungen*

Deutschland steht Ende der 1940er-Jahre noch ganz im Zeichen der Erholung von den Kriegswirren: Die Wirtschaft liegt am Boden, große Teile der Infrastruktur und des Gebäudebestands sind zerstört. Die Währungsreform 1948, erst recht aber die Gründung der Bundesrepublik Deutschland in den westlichen Besatzungszonen 1949 markieren einen Neubeginn und ebnen den Weg für den Wiederaufbau und das aufkeimende Wirtschaftswunder. Die oft neu gegründeten Unternehmen entwickeln zusehends Bedarf an Transportmöglichkeiten. Ganz gleich, ob Rohstoffe, Mitarbeiter, Werkzeuge oder Buletten, Bier und Bohnenkaffee – alles muss schnell und zuverlässig zum Tante-Emma-Laden oder auf die Baustelle gebracht werden. Doch: Es mangelt an einer universellen und vor allem günstigen Transportmöglichkeit. Die kann Volkswagen – die exakte Bezeichnung des heutigen Unternehmens wechselte im Laufe seiner Geschichte mehrfach – mit seiner zweiten Baureihe liefern: Im März 1950 startet die Serienproduktion des Transporters, VW-intern „Typ 2“ genannt – starke vier Jahre nach dem Produktionsstart des Käfers (Typ 1).

Um die Entstehungsgeschichte des Wolfsburger Universaltalents rankt sich eine Legende, die mit dem niederländischen Geschäftsmann Ben Pon verknüpft ist. Pon bemüht sich vor dem Ausbruch

**oben rechts:** *Nach den Wirren des Krieges ist Improvisationstalent gefragt. Der simpel aus Käferteilen gebaute Plattenwagen unterstützte die Produktion im Volkswagenwerk. Und inspiriert Ben Pon zu seiner Skizze*

**rechts:** *Die kantigen Bullifronten können im Windkanal nicht recht überzeugen, die rundliche Form dafür umso mehr*

# T1 (1950–1967)

*Die idealisierten Werbegrafiken aus der Feder von Bernd Reuters sind heute genauso Kult wie die darauf portraitierten Transporter-Modelle*

des zweiten Weltkriegs vergeblich um eine Erlaubnis, den Volkswagen zu importieren. Zum Jahresbeginn 1947 werden die US-amerikanische und britische Zone zur Bizone zusammengelegt, den dortigen deutschen Unternehmen ist ein Handel mit den Besatzungsmächten erlaubt. Und mit den Niederlanden – die große Chance für Pon. Im August 1947 wird ein Importeursvertrag von den britischen Besatzbehörden ratifiziert – die Briten hatten Volkswagen beschlagnahmt und bis dato noch keinen deutschen Chef eingesetzt. Damit wird „Pon´s Automobielhandel" zum ersten offiziellen Volkswagen-Importeur. Während einer Werksbesichtigung im April des Jahres entdeckt er den Plattenwagen. Das hemdsärmelige, VW-eigene Transportfahrzeug befördert Komponenten innerhalb des Werks. Auf einem verkürzten Kübelwagen-Chassis sitzt eine große Transportplatte, der Fahrer erhöht dahinter. Pon erschließt in einer Initialzündung sein gewaltiges Potential: als robustes Transportfahrzeug für die kriegswunden Länder. Er will den Plattenwagen in einen Transporter überführen. Die Zulassungsbehörden der Niederlande aber lehnen ab, der rückwärtige Führerstand sei nicht zulassungskonform. Pon denkt das Konzept neu: Er platziert die Sitzbank vorne und ersinnt eine einfache, kubische Fahrzeughülle. Eine rudimentär ins Notizbuch gescribbelte Skizze gilt für viele als Geburtsurkunde des Bulli.

*Der Kombi (vorne) ist das zweite Transporter-Modell nach dem Kastenwagen (hinten). Herausnehmbare Sitzbänke erlauben wochenends die Familienfahrt ins Grüne und den Gütertransport unter der Woche. Heckklappe und -Stoßstange kommen später*

Edeka
Edeka

# T1 (1950–1967)

Doch es gibt einen weiteren Geburtshelfer: das Konstruktionsbüro Dr. Ing. h.c. F. Porsche in Stuttgart, das zu Vorkriegszeiten als Denkfabrik des Volkswagenwerks fungiert. Unzählige Entwicklungen werden hier angestoßen, auch die des Käfers. Eine Nummer größer ist das Fahrzeug, das Porsche 1939 zum Patent anmeldet: einen Transporter mit Heckmotor auf Käferplattform. Kriegsbedingt, so die wahrscheinliche Ursache, wird es nicht in die Produktion überführt. Die Grundlagen sind gesetzt, doch wie soll das Porsche-Patent den Bulli beeinflusst haben? Das passiert ein Jahrzehnt später: Der frischgebackene VW-Entwicklungsleiter Alfred Haesner fordert im November 1948 zusätzliches Personal zur Entwicklung des Transporters an. Den Auftrag dazu erhält er vom neuen Generaldirektor Heinrich Nordhoff. Der lenkt seit Jahresbeginn die Geschicke des Unternehmens, das von der britischen Militärregierung treuhänderisch an das Land Niedersachsen übergeben worden war. Ungewöhnlich: Nur wenige Tage später kann Haesner seriennahe Entwürfe präsentieren. Die Vermutung liegt nahe, dass Porsches Patent Pate stand. Zumal mitwirkende Entwickler zuvor in Stuttgart gearbeitet hatten. Gesichert freilich ist, dass zahlreiche Konstruktionsdetails und Abmessungen des Volkswagen Transporters auf dem Porsche-Entwurf basieren.

Der Ur-Bulli ist 4,10 Meter lang, bietet einen beeindruckenden Laderaum von 4,6 Kubikmeter Volumen. Bei gerade einmal 990 kg Leergewicht mit Fahrer. Damit findet er Platz in der engsten Lücke, eckt auch auf dem kleinsten Betriebshof nicht an. Gleichwohl

*Der T1-Transporter wird in Wolfsburg parallel zu seinem kleinen Bruder, dem Käfer gefertigt – überwiegend in Handarbeit. Im Sommer 1950 sind es etwa 60 Einheiten täglich*

# T1 (1950–1967)

23 Fenster, ein übergroßes Stoffschiebedach aus dem Hause Golde, reichlich Chromornat, ein elfenbeinfarbenes Volant sowie eine Tagesuhr – das schmucke „Achtsitzer-Sondermodell“ weckt Begehrlichkeiten. Damals wie heute

# T1 (1950–1967)

*Das wohl kurioseste Fahrzeug auf Bulli-Basis ist die Draisine Klv 20, gebaut ab 1954 von Beilhack und WMD für die Deutsche Bundesbahn. Via Hebeeinrichtung lässt sich der Aufbau auf dem Fahrgestell drehen*

kann er mit seiner üppigen Nutzlast von 760 Kilo die Bedürfnisse von Handwerkern, Hoteliers und unzähligen weiteren Menschen decken. Zugang zum Laderaum gewährt eine seitliche Doppelklapptür. Und später eine Heckklappe, die flach ausfällt. Der Grund: Das über dem Heckmotor platzierte Reserverad macht eine hohe Motorraumklappe nötig. Bulli-Fans geben den Modellen der ersten Jahre später daher den Spitznamen „Barndoor"-Bus. Zu Deutsch: Scheunentor-Bus.

Vorne bietet er eine durchgehende, nicht verstellbare Sitzbank. Platziert direkt über der Vorderachse. Dort reisen drei Passagiere kommod, hochwertige Federkerne verschleifen Fahrbahnstöße gnädig. Ein Tachometer und wenige Kontrolllampen informieren den Fahrer, untergebracht in einer simpel konzipierten Blechkiste.

Genauso einfach wäre beinahe das Äußere des Bulli ausgefallen. Geplant war nämlich eine kostengünstig herzustellende, eckige Frontpartie, die dem Volkswagen Transporter die Anmutung einer rollenden Schachtel verliehen hätte. Doch es kommt anders: Während der Entwicklung lässt Volkswagen ein Modell mit zwei Fronten im Windkanal der technischen Universität Braunschweig untersuchen. Mit ernüchterndem Ergebnis: Die Entwürfe erzielen nur einen cW-Wert von 0,75 beziehungsweise 0,77. Wenig ruhmreich. Kurzerhand entwickeln die Wissenschaftler eine aerodynamisch vorteilhafte Alternative. Die neue, rundliche Variante kommt auf einen cW-Wert von 0,43, eine Reduktion um mehr als 40 Prozent. Das macht für die Konzeption des Transporters die Entwicklung leistungstarker Aggregate obsolet. Volkswagen reagiert sofort und passt das Design der Transporter-Front an. Der Bulli erhält damit seinen ikonischen Auftritt.

Produziert wird die neue Baureihe unter dem Einsatz von viel Handarbeit im Volkswagenwerk in Wolfsburg, parallel zum Käfer. Von ihm kann der Transporter den Antrieb übernehmen – nach den Änderungen am Fahrzeugdesign nahezu unverändert: einen luftgekühlten Vierzylinder-Boxermotor, 1.131 Kubikzentimeter groß und 25 PS stark. Auch das Getriebe stammt im Wesentlichen vom kleinen Bruder. Da der Bulli mit 1,75 Tonnen Gesamtgewicht deutlich schwerer auftreten darf als der Käfer, ersinnen die Entwickler einen Kniff: Sie platzieren Vorgelege-Getriebe an der Hinterachse, außen hinter den Bremsen. Durch die zusätzlichen Übersetzungsstufen kann der Käferantrieb ohne große Modifikationen in den Bulli übernommen werden. Die Vorgelege sorgen zudem für eine größere Bodenfreiheit – ein Benefit, der auf den oft rauen Straßen und Wegen zu Beginn der 1950er-Jahre gern mitgenommen wird. Im Verbund mit Heckmotor und Hinterradantrieb sichern sie dem kleinen Problemlöser aus Niedersachsen erstaunliche Kompetenzen abseits befestigter Wege. Eine Tatsache, die spätere Exporte in Schwellenländer genauso beflügelt wie Abenteuerlustige aus der westlichen Welt, die mit dem Bulli erfolgreich nicht nur den afrikanischen Kontinent bereisen.

Bei den Achsen nimmt der Transporter erneut Anleihen am Käfer. Die Kurbellenkerachse vorn und die Pendel-Hinterachse indess sind deutlich robuster dimensioniert. Bei der Entwicklung des Transporters fiel der Käfer-Plattformrahmen der von Nordhoff geforderten Zuladung einer dreiviertel Ton-

## Ein eigenes Werk für den Transporter

Trotz Sonderschichten kann das Volkswagenwerk in Wolfsburg ab 1954 die Nachfrage nicht mehr decken. Die Lösung? Ein zusätzliches Werk, nur für den Transporter. Mehr als 200 Bewerbungen für einen neuen Standort gehen ein. Durchsetzen kann sich am Ende VW-Chef Heinrich Nordhoff, der im nahen Mittellandkanal und dem bestehenden Verschiebebahnhof des Bewerbers Hannover große Standortvorteile sieht: Die Volkswagenwerk GmbH kauft ein Grundstück in Hannover-Stöcken, baut die neue Fabrik binnen Jahresfrist. Am 8. März 1956 – exakt sechs Jahre nach dem Produktionsbeginn der Baureihe – startet die Produktion im neuen Transporterwerk. Der reibungslose Anlauf ist generalstabsmäßig geplant. Schon Monate davor etwa werden frühmorgens spätere Bandarbeiter in einem Sonderzug von Hannover nach Wolfsburg gefahren, um dort in der Montage geschult zu werden. Abfahrt: 4:10 Uhr.

*1956: Sechs Jahre nach Produktionsstart erhält der Transporter sein eignes Werk in Hannover – nach nur 12 Monaten Bauzeit. Täglich wurden 5000 Kubikmeter Beton gemischt, 28 Kräne rotierten rund um die Uhr*

# T1 (1950–1967)

ne zum Opfer: zu weich, zu wenig verwindungssteif. Ein robuster Leiterrahmen aus zwei Längsträgern mit stabilisierenden Querträgern bildet stattdessen das Rückgrat des selbsttragend konzipierten Transporters. Die Beleuchtungsanlage entspricht dem zeitgemäßen Standard: Winker für den Fahrtrichtungswechsel und ein zentrales Bremslicht. Die beiden Heckleuchten haben Schlusslicht-Funktion. Das Fernlicht der Scheinwerfer wird über einen Fußschalter betätigt. Eine Heizung nach Käfer-Prinzip ist Serie beim Transporter,

*Die Firma Binz & Co. fertigt im schwäbischen Lorch ab 1953 550 Doppelkabinen, die Volkswagen als SO16 verkauft – ehe das Werk 1958 eine eigene Variante herausbringt. Ziegler rüstet Feuerwehrfahrzeuge aus*

die Passagiere sollen nicht frieren: Erwärmte Kühlluft vom Motor wird über Rohre und Schläuche nach vorn geleitet, um die Fahrerkabine zu temperieren.

## Triumphator oder Juwel? Bulli darf er erst 2007 heißen

Was vor der Markteinführung noch fehlt? Ein passender Name. Triumphator, Juwel oder Felix – es gibt viele Vorschläge, doch alle werden vom Patentamt zurückgewiesen. Der schmeichelnde Name Bulli ist erste Wahl, doch auch dieser wird abgelehnt. Einwände hat der Mannheimer Landmaschinenhersteller Heinrich Lanz, der Verwechslungen mit seinem Bulldog-Ackerschlepper fürchtet. Erst 2007 kann Volkswagen die Rechte am Namen sichern. Doch findet der schon viel früher seinen Weg zu den Fans, inoffiziell. Das VW-Raumwunder heißt zum Fertigungsanlauf schlicht Transporter.

Am 8. März 1950 startet die Serienproduktion des VW Transporters. Er kostet 5.850 Mark, nur wenig mehr als der Käfer (4.800 Mark). An diesem Mittwoch werden zwei Einheiten gefertigt, doch schon

*Die mobile Poststation – der Bulli kann fast jeden Transportbedarf decken. Der Post jedoch ist der rollende Schalter zu klein. Es bleibt bei einem Prototyp*

# T1 (1950–1967)

Helmut Richter
Tiefkühlkost · Eiskrem
BAD LAUTERBERG - ODERTAL
Bergstr. 17
Ruf 991

im Folgemonat wird die Tagesproduktion zweistellig. Der Zuspruch ist gewaltig, sein bodenständiger Preis, Qualität und Händlernetzdichte sprechen klar für den Volkswagen. Schon im ersten Produktionsjahr können daher mehr als 8.000 Bulli gefertigt werden.

Anfangs gibt es den Bulli nur in einer Ausführung: als Kastenwagen, ohne Heckklappe und -Scheibe sowie blau lackiert. Optional liefert Volkswagen ihn auch grundiert aus. Der Kunde kann seine Wunschfarbe nachträglich lackieren lassen. Bis zum Sommer 1950 stellt Volkswagen Aufbauvarianten vor, die den Personentransport im Fokus haben: den Kombi, später den Bus. Erster lässt mit sechs Fenstern Licht in den Fond, kommt zudem mit leicht demontierbaren Sitzbänken. Damit folgt er einem multifunktionalen Ansatz: die Nutzung zum Gütertransport unter der Woche, um zum Wochenende fluchs die Bänke reinzuschrauben – für einen Ausflug mit der Familie ins Grüne. Das Konzept trifft die Bedürfnisse der Kunden: Noch ist der Verdienst vieler Unternehmer zu überschaubar, um sich neben dem Firmen-Transporter ein zusätzliches Familien-Auto leisten zu können.

## Die „Kleinbus-Sonderausführung“ erobert die Herzen

Der Bus spielt die Komfortkarte in der wachsenden Bulli-Familie aus, bietet feststehende Sitzbänke und als einziger Verkleidungen an Dach und Seiten sowie einen Bodenbelag. Optional gibt's auch eine Heckklappe. Und ein gewaltiges Stoffschiebedach von Golde.

Dann kommt das 1951 eingeführte Spitzenmodell in Serie: die „Kleinbus-Sonderausführung“, volksläufig „Samba-Bus“ genannt und heutige Ikone der Bulli-Historie. Mit seinem Schiebedach, der charismatischen Zweifarblackierung, nicht weniger als 23 Fenstern, einer Zeituhr und reichlich Chromornat ist er der luxuriöse Gegenentwurf zum pragmatisch-günstigen Kombi.

Ein neues Genre erschließt sich der Transporter in der von Westfalia umgebauten Variante zum Campingbus und nimmt damit das in

*Sicher: Massive Stoßstangen und Sicherheitsglas vorn gibts 1958. Lecker: Mit Tiefkühleinrichtung bringt der Bulli Speiseeis zum Kunden*

# T1 (1950–1967)

*Mit Notbestuhlung finden 12 Personen im T1-Bulli Platz – auf einer Länge, die nur knapp über der eines neuzeitlichen VW Polo liegt*

der Neuzeit so boomende Segment der Campervans vorweg. Überhaupt entpuppt sich seine Variantenvielfalt als ein weiterer Schlüssel zum Erfolg des Transporters. Kaum ein Jahr vergeht, in dem Wolfsburg nicht neue Aufbauformen des Bulli präsentiert. 1951 etwa folgt der Krankenwagen, im Jahr darauf der Pritschenwagen. Parallel dazu legt Volkswagen in Kooperation mit ausgesuchten Herstellern eine kaum enden wollende Liste an Sonderaufbauten auf. Ganz gleich, ob Tiefkühltransporter, Langholz-Transporter oder Pritschenwagen mit Ein-Personen-Hubbühne – Volkswagen bespielt mit dem Transporter meisterlich die Klaviatur der kleinen Transportfahrzeuge in der Dreiviertel-Tonnen-Klasse.

1953 spendiert der Autobauer eine hintere Stoßstange. Vorerst aber nur für den Samba. Parallel dazu wird der Transporter fortlaufend weiterentwickelt, der Motor etwa auf 30 PS ertüchtigt. Der Aufwand zahlt sich aus: Schon am 9. Oktober 1954 wird der 100.000ste Bulli gefertigt, keine fünf Jahre nach Produktionsanlauf. Damit die Leine des Erfolgs weiter gespannt bleibt, gibt es 1955

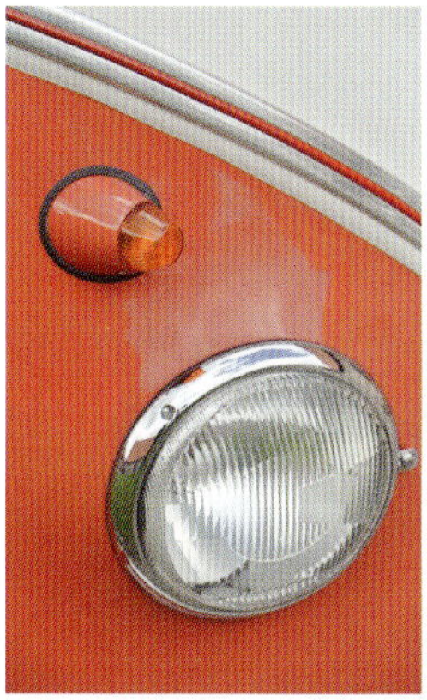

**oben:** *Stilvoller als in einem Samba-Bus lässt es sich zu neunt kaum reisen – weder in den 1950er-Jahren noch heute. Gute Exemplare erzielen aktuell Preise im sechsstelligen Bereich*

**links:** *Blinker (linkes Bild) schicken 1960 die Winker in Rente. Großflächig erhöhen sie ab 1963 die Sichtbarkeit enorm (rechtes Bild)*

# T1 (1950–1967)

eine erste umfassende Aufwertung. Ab sofort trägt der Bulli ein keckes Schirmmützchen über den Frontscheiben, das eine Belüftungsanlage beherbergt. Bisher mussten Dreh- und Schiebefenster zum Stillen des Frischluftbedürfnisses reichen. Das Ersatzrad wandert hinter die Rückbank, infolge kann die Höhe des Motorraums reduziert werden. Das führt zu einem vergrößerten Laderaum, einer vergrößerten Heck- und einer kleineren Motorraum-Klappe. Volkswagen zündet parallel ein wahres Feuerwerk an Detailverbesserungen, steigert die Attraktivität des Bulli enorm. In Folge nimmt die Nachfrage dramatisch zu, auf dem heimischen Markt wie international – 60 Prozent der Produktion gehen in den Export. Die Produktion kann nicht Schritt halten. Der Ausweg: ein neues Werk in Hannover, das im März 1956 seine Produktion aufnimmt. Auch in Süd-Afrika wird der Transporter gebaut, wenig später zudem in Brasilien.

## Doppelkabine – perfekter Schnitt aus PKW und Nutzfahrzeug

Ende der 1950er-Jahre herrscht Vollbeschäftigung in der jungen Bundesrepublik, das Wirtschaftswunder ist in vollem Gang. Mehr Leistung, mehr Zuladung, mehr Komfort – sein Arbeitstier wird kontinuierlich an die Bedürfnisse angepasst. Auch mit neuen Karosserievarianten: 1958 etwa bereichert die Doppelkabine das Portfolio. Sie vereint das Beste aus Transporter und Pritsche, bietet zwei Sitzreihen und eine kurze Ladefläche. Sechs Arbeiter samt Baumaterial können in einem Fahrzeug zur Baustelle transportiert werden. Achtern gibt es für alle Bulli ein doppeltes Bremslicht, zwei Jahre später ersetzen Blinker den Winker – ein Relikt aus den 1930er-Jahren.

*Viele Versionen – ein Name: Bulli. Er bietet für jeden Transportbedarf die richtige Lösung, ganz gleich ob als Nutzfahrzeug oder PKW. Sein Variantenreichtum ist ein Schlüssel zum großen Erfolg*

# T1 (1950–1967)

## Historie

Die florierende Wirtschaft und das attraktive Angebot kurbeln die Nachfrage weiter an: 1962 läuft der einmillionste Transporter vom Band. 1963 ersetzt eine seitliche Schiebetür die Klapptüren, vorerst optional. Eine größere Heckklappe erleichtert die Beladung, größere Blinker verbessern die Erkennbarkeit. 42 PS sind wählbar, genauso wie eine robuster konzipierte Variante mit einer Tonne Zuladung.

Zum Ende seines Produktionszyklus gibt der T1 noch einmal richtig Gas: mit 44 PS, einer 12-Volt-Anlage und einem Einschlüsselsystem. Der Kastenwagen kostet final 6.395 DM – nur 9,3 Prozent mehr, als beim Start 17 Jahre zuvor. Im Sommer 1967 aber endet die T1-Produktion in Hannover-Stöcken – nach 1,83 Millionen Einheiten. Doch der Kult um den Ur-Bulli lebt weiter. Bis heute.

**links:** *Charmantes Auftreten ist dem Samba in die Wiege gelegt, seine praktischen Talente baut er mit der Zeit weiter aus: Das Urmodell (links) ziert eine riesige Motorhaube (Barndoor), die ab 1955 halbiert wird. Dafür wächst die Heckklappe in der Höhe (Mitte), , ehe ab August 1963 eine breite Variante (rechts) die Beladung erleichtert*

**unten:** *Darf es etwas mehr sein? Bitte schön: Ab 1961 bietet der Hochdach-Transporter ein Laderaumvolumen von glatten sechs Kubikmetern*

# Traumfänger

**Einst warb die Bausparkasse Schwäbisch Hall mit ganz speziellen Bullis um Kunden. Eine Pritsche, eine Glaskuppel – darunter verheißungsvolle Eigenheime. Träume des Wirtschaftswunders**

heißt es bei der Bausparkasse Schwäbisc
KASSE
CH HALL
LSCHAFT
EN UND RAIFFEISENKASSEN

# T1 (1950–1967)

Die Datenlage ist mau, der Zeitplan eng und es gibt nur ein Farbfoto aus dem Archiv. Stephan Meyer studiert es, taucht ein. Die Bausparkasse Schwäbisch Hall möchte eine Replik des alten Vertreter-Bullis und sich selbst zum 80. Geburtstag beschenken. Frist: ein halbes Jahr, eine Herausforderung! Stephan nimmt den Auftrag an: „Eine damals von VW stark modifizierte Pritsche und das mörderische Zeitfenster von sechs Monaten machten dieses Projekt besonders interessant." Stephan untertreibt gern.

Eine zeitlich fast passende Pritsche wird saniert, die Karosserie umgearbeitet. Denn das Original hat rundere Ecken, senkrechte Kühlrippen, hoffentlich passt die Kuppel! „Die kam von einem Spezialisten, der auch Cockpits für Hubschrauber herstellt, das ist ein spezielles, sehr dünnes Acrylglas." Das Projekt gelingt, die Modellhäuschen sind einen Tag vor Frist am Platz. Mission erfüllt! Ein wenig später entsteht eine zweite Replik – und mittlerweile fand sich gar eines der wohl 15 Originale. Ein Traum eben.

| T1 „Schwäbisch Hall" | |
|---|---|
| **Baujahr** | 1959 |
| **Motor** | 1.2 Typ 1 |
| **Leistung** | 30 PS |
| **Besonderheiten** | Werbebus-Replik der 1950er mit spezieller Acrylkuppel |
| **Erbauer** | Stephan Meyer |

SEUM
„Ein Haus baut das andere" heißt es bei der Bausparkasse
BAUSPARKASSE
SCHWÄBISCH HALL
AKTIENGESELLSCHAFT
BAUSPARKASSE DER VOLKSBANKEN UND RAIFFEISENKASSEN
BAUSPARKASSE
SCHWÄBISCH HALL
SHA - R 60

# Afrikas Schätze

**Hierzulande gelten alte Bullis als Garagengold, in Namibia hingegen als Schrott, der gerne im afrikanischen Busch entsorgt wird. Doch einer hat Erbarmen: Musikstar EES spürt sie auf und schenkt ihnen ein zweites Leben**

Ees

Der Deutsch-Namibianer Eric Sell, in seiner Heimat bekannter als Rapper EES, hat eine ungewöhnlich Passion: Er rettet ausgemusterte T1 und T2, die in der Wüste oder einfach abgestellt hinterm Haus ihr Dasein als Stall, Notunterkunft oder Wrack fristen. Dazu fährt er auch schon mal 1.700 Kilometer weit, die Koordinaten liefern Recherchen mit Google-Satellitenbildern. In der Regel werden die Bulli-Reste vor Ort gangbar gemacht und mit einer montierten Deichsel nach Hause gezogen. Ein speziell präpariertes Käferchassis unterstützt den Transport maroder Karossen. Erics Onkel Heinz Ewald übernimmt als KFZ-Mechaniker im Bulli-Rescue-Team einen Gutteil des Wiederaufbaus, Eric beschafft die Ersatzteile, die er oft aus seiner zweiten Heimat Deutschland importiert. Das Team ist erfolgreich: Bereits drei Dutzend Bullis konnte es wieder auf die Straße bringen.

Scottie, Darren und Jamie Carter – das englische Geschwistertrio eint die Leidenschaft zu Bullis der ersten Generation. Und die werden in der Regel nicht nur mit einem perfekten Gespür für den richtigen Look umgerüstet, sondern zudem meisterhaft in Szene gesetzt – hier etwa im altehrwürdigen Smithfields Meat Market, den heutigen London Central Markets. Seit mehr als drei Jahrzehnten sind die Carter-Brüder fester Bestandteil der europäischen T1-Community, bereichern sie etwa auch mit ihrem angesagten Bekleidungs-Label „Cool Flo".

| T1 Kastenwagen | |
|---|---|
| **Baujahr** | 1964 |
| **Motor** | 1.8 Typ 1 |
| **Leistung** | 110 PS |
| **Besonder-heiten** | Ungeschweißt und frisiert |
| **Eigentümer** | Cool Flo |

# Transpinochiana

**Viele Bulli-Fans fahren nur bei schönem Wetter. Massimo und seine Freunde haben da eine etwas andere Herangehensweise – und Stollenreifen. Aber keine Furcht vor einer Beule**

Anfangs eine launige Idee, inzwischen ein jährlicher Dauerbrenner. „Alles begann im November 2016“, erinnert sich Massimo Stefano Arena. Während andere Bullis den Winterschlaf genießen, heckt er mit ein paar Kumpels die „Transpinochiana“ aus. „Wir wollten Spaß haben und sind zu zwölft in vier Splitties losgefahren.“ Bunte Busse werden hier ans Limit getrieben. Und darüber hinaus.

Zugelassen sind nur leicht modifizierte T1, keine Technikmonster, „es soll ja schon ein bisschen crazy sein“. Das bedeutet dann auch, einen im Fluss gestrandeten Bulli aus dem Wasser zu zerren. Um ihn dann über Stunden wieder „mit Ölwechsel und Trockenlegung fit zu machen“, während kalte Brühe aus dem Laderaum tropft. „Das war schon hart. Aber wir haben es trotzdem genossen!“ Und dies ist nur ein Beispiel echter Freundschaft, die sich mitunter eigene Wege sucht. Wie die nur grob geplanten Touren in den Bergen zwischen Spanien, Frankreich und Andorra. Echte Männer werden eben nie erwachsen.

1592 BBF
8716 DYS

# T1 (1950–1967)

SLOW MOVING VEHICLE
ACHTUNG LANGSAMES FAHRZEUG
H 8928
BBD

# Gelbdruckmaschine

## Tieferlegung und Leistungssteigerung gehört in der T1-Community heute fast schon zum guten Ton. Arne Steffens Kastenwagen wird von einem Porsche 911-Motor befeuert. Der ist gut genug für mehr als 200 km/h Spitze

Gäbe es einen Pokal für den populärsten T1 in der hiesigen Bulli-Szene – Arne Steffens gelber Kastenwagen wäre ein sicherer Aspirant darauf. Und das liegt weniger an der auffälligen Signalfarbe, die sein Besitzer schon 1991 aufträgt, sondern an dem Biest unter der Haube: Anstelle des ursprünglichen 1,5 Liter-Vierzylinderboxers mit 44 PS oder einem von Arne danach installierten, frisierten Typ 4-Motors sorgt heute ein Porsche Sechszylinder aus dem 911 für unterhaltsamen Vortrieb. Der stammt aus dem G-Modell und hat exakt fünfmal so viel Dampf wie das Serientriebwerk des Bulli: 220 PS.

Leistungssteigerungen sind in der T1-Community durchaus üblich, doch gilt ein Elfer-Implantat stets als Königsdisziplin. Viel Hirnschmalz ist erforderlich, um solch einen Umbau fachgerecht durchzuführen. Der Grund: Die zwei Zusatzzylinder brauchen Platz. Und der ist im T1-Maschinenraum nun mal kaum vorhanden. Arne Steffen ist 2011 einer der ersten Bulli-Fans, der diesen Plan erfolgreich umsetzt. Und mit Getriebe, Bremsen, Achskomponenten, Felgen und Sitzen aus dem Hause Porsche konsequent zu Ende denkt. Krönender Abschluss: das Nummernschild – die englische Bezeichnung für einen Sechszylinder-Boxermotor.

| **T1 Kastenwagen** | |
|---|---|
| **Baujahr** | 1967 |
| **Motor** | 3.2 Porsche Sechszylinder |
| **Leistung** | 220 PS |
| **Besonder-heiten** | Umbau auf Porsche-Motor, -Getriebe und -Bremse |
| **Im Besitz seit** | 1989 |
| **Eigentümer** | Arne Steffen |

Esso
BENZIN SUPER
VOLKSWAGEN PORSCHEWAGEN
Ersatzteile - Dienst

# Das Original

**Busse aus dem allerersten Baujahr sind mehr als rar. Man könnte fast meinen, es gäbe sie gar nicht. Wären da nicht Autos wie jenes von Axel Struwe. Gebaut wurde der Barndoor im November 1950**

Lässig lehnt der Perfektionist am Gefährt. Propper steht er da, der Früh-Bulli. Vor ein paar Jahren jedoch, da sah die Karosse noch deutlich schlechter aus. Das ist im Jahr 2003, die Bulli-Mania nimmt gerade ihren Lauf. Der des im Herbst 1950 gebauten Kastenwagens scheint da für unbedarfte Beobachter zu Ende zu sein. Stark durchrostet und heruntergekommen. Die Flanken für nachträglich eingebaute Fenster zerschnitten. Ein schlimmer Anblick – doch machbar ist alles. Auch, wenn man als Perfektionist zu Werke geht. Dann braucht es nur Zeit. Für die Suche nach Literatur, für die Suche nach Teilen. Drei Jahre Vorbereitung. Und noch einmal drei Jahre für die eigentliche Arbeit. Seit 2009 steht er wieder da, wie er damals in Wolfsburg vom Band lief. Taubenblau, perfekt auf Originalität getrimmt bis ins Detail mit schwarz verzinkten Schrauben. Nur Blinker musste Axel nachrüsten, so wollten es die Behörden. Immerhin ließen sich die dezent verstecken. Auf dass das Original auch wirklich authentisch wirkt. Nicht zu sehr überrestauriert, sondern wie ein Neuwagen von damals. Und echt. Echt, wie im November 1950.

| T1 Kastenwagen | |
|---|---|
| Baujahr | 1950 |
| Motor | 1.2 Typ 1 |
| Leistung | 25 PS |
| Besonderheiten | einer der ältesten Bullis |
| Im Besitz seit | 1990 |
| Eigentümer | Axel Struwe |

Coca-Cola
1950

# T1 (1950–1967)

## Nummer eins

Der erste verkaufte Bulli geht grundiert nach Köln, wird dort für die Firma Eau de Cologne No. 4711 zweifarbig lackiert und mit den Schriftzügen der Parfümerie-Fabrik versehen

## US-orientiert

Schon im ersten Jahr werden zwei T1 in die USA exportiert. 1960 sind es mehr als 35.000 Einheiten. Insgesamt gehen 362.598 T1 in die USA – starke 20 Prozent der Gesamtproduktion

## Langläufer

17 Jahre lang wird der T1 gefertigt – in Wolfsburg, Hannover und ab 1957 auch in Sao Paulo / Brasilien. Rund 1,8 Millionen Einheiten entstehen

## Fliegengewicht

Die Leistungsklasse der Motoren der ersten Generation zeigt sich noch bescheiden: 25 – 44 PS

## Typ oder T?

Volkswagens interne Bezeichnung ist logisch gegliedert: Als zweites Modell nach dem Volkswagen (Käfer) heißt der Transporter Typ 2. Das Generationenkürzel T1 (erste Transporter-Generation) erhält er erst nach der Ablösung durch seinen Nachfolger, den Typ 2 T2

## Swinging Sixties

Mitte der 1960-er Jahre erreicht die Jahresproduktion ihren Höchststand – mit ihrem Peak von 187.947 Einheiten im Jahr 1964. Am begehrtesten ist der Bus (54.146 Einheiten), gefolgt vom Transporter (48.481 Einheiten) und dem Kombi (44.659 Einheiten)

## Erfolgsmodell

Am 9. Oktober 1954 wird der 100.000-ste Transporter gefertigt. Zum Millionenseller wird er acht Jahre später: am 2. Oktober 1962

## Zukunftsweisend

Im letzten Modelljahr 1967 stellt Volkswagen das Bordnetz für alle Bulli von 6 Volt auf 12 Volt um – davor ist der neue Standard als Extra erhältlich

## Fliegengewicht

Gerade einmal 990 kg wiegt der erste Bulli von 1950 – mit Fahrer, versteht sich. Er darf dennoch 760 kg zuladen. Zum Vergleich: Ein T6.1 Transporter von 2024 bringt mindestes 1.837 kg auf die Waage, sein Ladelimit liegt bei einem Gewicht von 963 kg

## Bulli oder Splittie?

Während der Name „Bulli" sich bei uns schon früh etablieren konnte, seit 2007 auch offiziell geführt wird, bezeichnen britische Fans den Transporter seit jeher als „Splittie" – abgeleitet von split window, geteilte (Front-)Scheibe. Der Grund: „Bullying" heißt Mobbing, ist damit unbeliebt

## Fußarbeit

Das Fernlicht wird bei der ersten Bulli-Generation mit dem linken Fuß gesteuert – eine damals probate Lösung. Erst 1965 wird der Abblendlichtschalter in den Blinkerhebel verlegt

## Tankuhr

Im Sommer 1961 spendiert Volkswagen dem Bulli eine Tankuhr. Davor muss bei Kraftstoffmangel mit einem Zug der Reservehahn betätigt werden – für weitere fünf Liter Benzin

1967
1979

# ZWEITE GENERATION – T2

Gasthaus u. Pension
Hofwirt
HOTEL
HOFWIRT
WOB-VL 85

# Modellwechsel nach 17 Jahren: Der Bulli bleibt sich treu

Die 1960er-Jahre waren bunt, laut, sie waren auch mal rebellisch – nur langweilig waren sie nie. Das galt auch für Volkswagen, denn anfangs eilte der Bulli von Erfolg zu Erfolg – im Oktober 1962 überschritt er die Millionenmarke. Während jedoch vorne der mit Blumen umkränzte Samba mit seinen 23 Fenstern gefeiert wird, laufen im Hintergrund längst die Planungen

**rechts:** *Schon 1967 gibt es eine Doppelkabine zu 7.475 DM. Ganz oben in der Preisliste steht derweil stolz der „Clipper-L" zu 8.980 Mark. Der Name verschwindet jedoch nach Beschwerden der Fluggesellschaft PanAm*

**unten:** *Reiselustig sind die alle, die munteren Bullis. Auch dem T2 sitzt das Fernweh-Gen tief im Gebälk. Und die nun gegenüber dem T1 deutlich größeren Fensterflächen laden ja auch direkt zum Sightseeing ein*

# T2 (1967–1979)

*Erfolgsstory! Knapp sechs Jahre nach den Feierlichkeiten zur ersten Million läuft am 5. Februar 1968 der zweimillionste VW Transporter in Hannover vom Band. Er wird direkt der Aktion Sorgenkind gespendet*

für den Nachfolger. Vor allem die Techniker im Haus wissen, dass Erfolg gepflegt sein will. Was so manchen im Vertrieb verwundern musste, denn Bulli wie auch der VW Käfer verkauften sich doch blendend. Da zudem, aber das war kein Privileg des T1, sondern Philosophie des Hauses, im Laufe all der Jahre immer wieder kleine und große Verbesserungen in die Produktion einflossen, war die Kundschaft zufrieden. Optische Kontinuität und stete technische Verbesserung waren ein Markenzeichen des Hauses. Man fuhr gut damit, warum also etwas daran ändern?

Und doch war nach 17 Jahren Bauzeit die erste gründliche Revision des Transporters fällig, die letztlich noch aus den 40er-Jahren stammende Technik will im Interesse des Erfolgs auf den Stand der Zeit gebracht werden. An der grundlegenden Struktur mit Heckantrieb

*Der Bus im Kreise seiner Gefährten: Pritsche, Doppelkabiner, Kombi, selbst ein Krankenwagen gibt sich die Ehre. Der T2 startet so gut durch, dass ein Teil der Montage nach Emden ausgelagert werden muss*

# T2 (1967–1979)

*Ein Prachtstück von einem Bulli – ein seltener „Zwitter" zumal. Das Antlitz mit den tief sitzenden Blinkern und den Trittstufen in der Stoßstange zeugt von der Frühzeit, auch das Frontemblem ist noch recht groß. Am Heck jedoch sind schon die modernen Rückleuchten verbaut, die Lufteinlässe in der D-Säule größer gestaltet*

H VW 281H
VOLKSWAGEN-NUTZFAHRZEUGE-OLDTIMER.DE

# T2 (1967–1979)

*Ein Hippie-Bus, wie es nur noch wenige gibt, für Überlandfahrer ist der Bulli das Maß der Dinge. Er war mehr als nur Kult, er war eine Ikone. Und das Image des Dauerläufers trägt bis heute. Ganz gleich, ob die Bemalung in Niedersachsen oder in Kathmandu erfolgte. Hauptsache „Love & Peace"!*

und luftgekühltem Boxermotor wird indes nicht gerüttelt, ganz so mutig ist man denn doch nicht, auch wenn der Absatz im Jahr 1967 auf „nur noch" 163.000 Einheiten zurückgeht. Klar, der Wettbewerb hat sich verschärft, Volkswagen muss Konkurrenten hinnehmen, wo lange nur Marktbegleiter waren.

## Flower-Power-Kiste oder Polizeiauto? Der Bulli kann beides!

Basierend auf ersten Überlegungen aus dem Jahr 1960, ein früher Entwicklungsauftrag lässt bereits die großen Fensterflächen des T2 erahnen, wird es unter Gustav Mayer konkreter mit dem Nachfolger der Ikone. Volkswagen hatte sich nun eine Weile auf den VW 1500, den Typ 3, konzentriert, der Transporter hatte gefälligst zu warten. Mit „Transporter-Mayer", der gebürtige Augsburger wird 1964 Leiter der Nutzfahrzeug-Konstruktion, wird es dann plötzlich ernst. Härtetests lassen Zweifel an der einfachen, mit Profilen verstärkten Außenhülle aufkommen, wie sie der T1 besitzt. Also bekommt der T2 eine doppelte Blechhaut, bei unverändertem Radstand von 2.400 Millimetern.

Bei intensiven Fahrversuchen auf dem flammneuen Testareal bei Ehra-Lessin wie auch auf realen Strecken spulen die Versuchsfahrzeuge Kilometer um Kilometer ab, die Konstruktion weiß zu überzeugen. Das Heckmotor-Prinzip mit luftgekühltem Boxer soll auch die zweite Generation zum Erfolg tragen, auch wenn es Spötter und Kritiker genug gibt. Gerade dem Patriarchen Nordhoff wird immer wieder vorgeworfen, er halte zu sehr an technischen Traditionen fest.

Im August 1967 ist es schließlich soweit, die zweite Generation startet durch. Optisch ganz klar als Bulli erkennbar, doch neu gedacht. Anders eben, aber eben doch herzlich vertraut. Der T2 präsentiert sich deutlich erwachsener: Er ist ein Stück größer, um 14 Zentimeter wächst der Hannoveraner auf gut 4,4 Meter in der Länge, in der Breite legt er dezent um 15 auf 1.765 Millimeter zu. Sogar in der Höhe wächst das Blech, mit 1.955 Millimetern bleibt der VW trotzdem unter der magischen Zwei-Meter-Marke einer normalen Garage.

Ob die wiederum Fenster hat, ist Nebensache – der Transporter hat natürlich welche. Weniger zwar als der T1, aber dafür deutlich größer.

**oben:** *„Gasturbine Testfahrzeug" steht auf beiden Flanken, der „VW GT 70" selbst steht in der Sammlung der „Stiftung AutoMuseum Volkswagen" in Wolfsburg. Das Einzelstück entstand 1972 als Versuchsträger*

*Für den Export werden Teile der Fertigung nach Emden verlegt, die Produktion in Hannover ist in den ersten Jahren komplett ausgelastet. 1967 werden an der Küste 979 Stück gebaut, bald aber 50.000 pro Jahr*

## Kann man den Antrieb verbessern?

Das fragen sich in den 1970er-Jahren so manche bei Volkswagen, die Ölkrise ist noch in guter, oder vielmehr schlechter Erinnerung. Und so wird dem T2 zu Leibe gerückt, denn der Transporter ist der ideale Aggregateträger, bietet er doch genügend Raum im Inneren wie im Heck. Das ideale Experimentalfahrzeug also. Und dieses wird mal mit einer 75 PS starken Gasturbine versehen, es geht hier vor allem um Grundlagenforschung, oder auch zum Elektrobus umgebaut. Der hat freilich an den extrem schweren Batterien heftig zu schleppen, rund 850 Kilo wiegen die Akkus, obendrein dauert das Laden viele Stunden. In manchen Fahrzeugen, weit über hundert entstanden, wird deshalb eine Wechselbrücke für den Tausch der Akkus verbaut. Auch ein Hybrid-Transporter wird jetzt, Mitte der 1970er-Jahre, in Fußgängerzonen und Kurstädten eingesetzt. Er kombiniert den Boxer mit einem Elektromotor. Welch ein Ausblick in die Zukunft!

# T2 (1967–1979)

Serienmäßig sind jetzt auch die Schiebetür und ein deutlich verbessertes Fahrwerk verbaut, das auch mit den später bis zu 70 PS starken Motoren keine Probleme bekommt. Bei VW – die Nutzfahrzeugsparte ist nun mehr als eine Dekade in Hannover angesiedelt – textet man selbstbewusst den Slogan „Neuer Volkswagen Transporter – wie ein Pkw". Die Preise beginnen im Sommer 1967 bei 6.475 DM für die Pritsche, den Kombi gibt es ab 6.980 Mark. Und natürlich ist der Neue nicht weniger reiselustig als sein Vorgänger.

Und er ist immer noch und immer wieder ein Alleskönner, über alle Generationen hinweg ist die Vielseitigkeit ein wichtiges Pfund. Und so gibt es auch beim T2 Pritschen und Doppelkabiner, Kombis und Kastenwagen, oder Fensterbusse mit sieben, acht oder neun Sitzen. Und auch die Nutzlast von einer Tonne bleibt unbeschnitten, obgleich die Karosse aufgrund der Doppelwand rund zwei Zentner schwerer wiegt. Dafür entfällt das aufwändige Getriebe mit dem Vorgelege an der Hinterachse. Die ist nun als Doppelgelenkachse mit Dreieckslängslenkern gestaltet. Die neue Konstruktion ist nicht nur komfortabel, sondern auch erstaunlich sicher zu fahren, auf das Meisterstück sind die Ingenieure zu Recht stolz. Und damit auch jeder sieht, dass man vor einem neuen Bulli steht, bekommt der auch ein neues Antlitz. Keine Mittelstrebe mehr zwischen den planen Scheiben an der Front, aus dem „Splittwindow" wird jetzt der „Baywindow".

*Das VW-Programm der 1970er: Vorne links das bei Karmann gefertigte Cabriolet vom Typ 1303, dahinter hält die Moderne mit Golf, Passat oder Scirocco Einzug. Rechts neben diesem, in der dritten Reihe, der K70. Ganz hinten der T2 als Pritsche, Kasten und Kombi, angeführt vom „Kurierwagen" Typ 181*

*Eine coole Zweifarblackierung steht auch dem T2b gut, ein Schiebedach nicht minder. Der Bulli der späten 1970er trägt die vorderen Blinker oben, neben dem eckigen Lufteinlass. Und auch die Stoßstange wirkt kantiger. Hinter ihr verbirgt sich das Deformationselement, Sicherheit wird nun wichtiger*

Im Motorraum des Bulli geht es zunächst überschaubar zu: Den T1 schoben am Ende seiner Karriere stolze 44 PS an, beim T2 sind es jetzt derer 47. Das Aggregat mit seinen 1.584 Kubikzentimetern entführen Gustav Mayer und seine Truppe aus dem VW Typ 3. Mit Luft versorgt wird der Motor aus sichelförmig angeordneten Einlässen hoch oben in den D-Säulen und damit weit vom Straßenstaub entfernt. Fernreisende wissen es zu schätzen.

Ein anderer wiederum verabschiedet sich: Kaum ist der Transporter auf dem Markt, da geht Patriarch Heinrich Nordhoff endgültig von der Brücke. Der langjährige Vorstandsvorsitzende stirbt am 12. Februar 1968. Kurt Lotz wird sein Nachfolger, tritt jedoch schon im September 1971 zurück. Rudolf Leiding übernimmt jetzt das Ruder. Mit ihm sind im Bereich der PKW radikale, noch von Kurt Lotz initiierte Neuanfänge verbunden, Scirocco, Golf oder Passat seien nur beispielhaft genannt. Doch beim Transporter findet Lotz das luftgekühlte Heckkonzept dufte, der Jahresabsatz übersteigt bald die Marke von einer Viertelmillion. Vielleicht liegt das ja auch an der flotten Werbung, die fundierte Infos mit kecken Sprüchen garniert, Augenzwinkern inklusive? Anzeigen wie „Der spart ein Schweinegeld", im Hintergrund hängen drei Schweinehälften, sind nicht minder legendär als jene für den VW Käfer. Dem reichte ein Ei nebst der Erkenntnis, dass man manche Formen einfach nicht verbessern kann.

# T2 (1967–1979)

*Wie schon beim T1, so punktet VW auch beim T2 mit der schieren Fülle an Sonderausführungen. Es gibt Pritschen mit Hydraulik ebenso wie Kühlwagen mit unterschiedlich dicker Isolierung und Kühlmaschine. Auch Umbauten zu gepanzerten Werttransportern sind keine Besonderheit. Ein Tausendsassa eben!*

Verbessern lässt sich freilich die Sicherheit der Menschen im Inneren des T2, und deshalb gibt es kaum zwei Jahre nach dem Start die ersten Maßnahmen. Wie zum Beispiel die neue Sicherheitslenksäule, die bei einem Crash an definierter Stelle abknickt, so dass sie nicht zum Spieß im Innenraum wird. Auch Parterre verändert sich die Struktur, gegabelte Längslenker erhöhen die Auffahrsicherheit. Hinter der vorderen Stoßstange findet sich fortan ein Deformationselement.

All dies wandelt auch das Gesicht des Bulli, denn die Trittbretter in der vorderen Stoßstange verschwinden. Sie wird nun deutlich kantiger, bald redet man von der Kastenstoßstange, während die Blinker nach oben und neben den nun eckiger gezeichneten Lufteinlass wandern. Das macht den Bulli im dichter werdenden Verkehr besser sichtbar. Hinten wiederum erstarkt der Motor auf nun 50 PS, Scheibenbremsen an der Vorderachse tragen dem Leistungsdenken Rechnung, machen aber neue Achsschenkel und Radnaben nötig. Die neuen Räder, die Felgen messen jetzt 5 ½ J x 14, haben wiederum größere Radausschnitte zur Folge. Solcherart wird aus dem T2a von 1967 bald ein T2a/b. Denn vor allem ab Sommer 1971 erfolgen massive Änderungen in der Optik wie auch in der Technik in sehr kurzen Intervallen. Die jetzt für zwölf Monate gebauten Modelle werden zuweilen auch „Zwitter“ oder „Zwischenmodell“ genannt, oder schlicht „T2a/b“. Erkennbar sind diese Fahrzeuge zum Beispiel an den eckigen Lufteinlässen in den D-Säulen oder den deutlich größeren Rückleuchten, die zudem senkrecht stehen, und den späteren T2b so gut sichtbar machen. Dass das Heckabschlussblech nun nicht mehr verschraubt, sondern

fest verschweißt ist, es trägt nun zusätzlich die links eingeschlagene Fahrgestellnummer, ist nur ein weiteres Detail. Bei all dem wurde die Produktion jedoch nicht auf einen Schlag umgestellt, vielmehr kamen die Änderungen peu à peu ins Spiel.

Steter Wandel steckt dem Bus eben tief im Gebälk. Jede Verbesserung führt zu Veränderungen, manche groß, manche klein, wie beim ersten Hubraumsprung auf 1,7 Liter. Dabei ist es weniger der marginale Zuwachs im Motorvolumen, als vielmehr die grundlegend neu konzipierte Architektur des Aggregats, das von jenem des VW 411 abgeleitet wird, im Bulli aber eine Doppelvergaseranlage bekommt. 66 PS aus 1.679 Kubikzentimeter sind ein deftiger Schluck aus der Leistungspulle. Der Flachmotor verzichtet indes auf den „stehenden“ Gebläsekasten, wie ihn jeder VW Käfer hat, genauso wie die bisherigen Bus-Motoren. In diesen treibt die Riemenscheibe die über dem Öl-Einfülldom sitzende Lichtmaschine an, hinter der das Lüfterrad die Luft auf die Kühlrippen der Zylinder verteilt.

## Das Produktionsende? Am 31. Oktober 1979. Aber nur bei uns!

Beim sehr viel flacher bauenden Aggregat, wie es nun optional zum Einsatz kommt, sitzt das Kühlgebläse wunderbar platzsparend auf der Kurbelwelle, der Keilriemen treibt nur noch die Lichtmaschine an. Bei einem Abreißen des Riemens steht somit auch kein Motorexodus aufgrund einer Überhitzung ins Haus. Sondern lediglich ein Absterben des Antriebs, wenn die Zündfunken die Batterie geleert haben. Fortan gibt es den Bulli mit „Typ 1-Motor“ oder mit dem „Typ 4-Motor“, der schon im Januar 1974 auch mit Katalysator angeboten wird, indes nur für den US-Markt. Und wieder folgt eine Änderung am Blech. Denn an die Doppelvergaseranlage des Flachmotors muss man auch herankommen. Der Bulli erhält deshalb, sofern der aufpreispflichtige Flachmotor geordert wird, einen praktischen Deckel im Kofferraumboden. Dieses Feature trägt bis zum T3 und somit in die 1990er-Jahre. Wer einen Bus auf den stärkeren Typ 4-Motor umrüsten will, sollte dies berücksichtigen, und notfalls solch einen Deckel nachrüsten.

*Pritschen mit Ruthman-Hydraulik gab es in allen Baujahren, Spriegelaufbauten ebenfalls. Und der „Babynotarztwagen“ wird just von der Björn Steiger-Stiftung ans Wolfsburger Stadtkrankenhaus übergeben*

# T2 (1967–1979)

*Gustav Mayer hat nicht nur mit der Technik oder dem Gelände zu kämpfen, sondern auch mit der Skepsis im Konzern. Am Ende setzt sich seine Idee vom Allrad-Bulli aber durch, wenn auch erst beim T3*

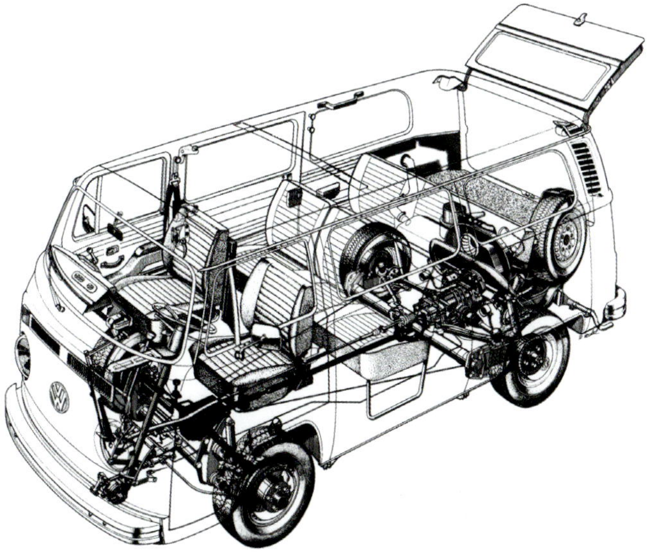

*Bei Bedarf lässt sich ein durchdrehendes Hinterrad mit der einzeln für beide Seiten einsetzbaren Handbremse stoppen, um die Traktion aufs andere Rad zu lenken. Denn Traktion ist alles im Allrad-T2*

## Der Bulli lernt das Kraxeln

Gustav Mayer war fernwehsüchtig, ihn habe die Wüste gebissen, meinte er einmal. 1968 unternimmt er die erste von neun Sahara-Durchquerungen im T2, dessen Potential er erkennt, 1975 wird eine weitere Sahara-Fahrt auf 16-Millimeter-Filmen festgehalten. Nun entstanden weitere Prototypen. Ein Drehmomentwandler nebst Halb-Automatik aus dem Käfer sorgte in Kombination mit einer enormen Bodenfreiheit, 16-Zoll-Bereifung und einzeln abbremsbaren Hinterrädern für souveräne Geländeeigenschaften des auf Allrad umgebauten T2. Traktion war alles, der Urahn ist ein herber Geselle, der mangels Servolenkung mit sturer Hand auf Kurs gehalten sein will. Einmal hinterm Volant dieses Autos sitzend weiß man, was „Sahara-Mayer" auf seinen Trips quer durch die Sahara und bis in den Niger geleistet hat. Ihn unterstützte Henning „Ducki" Duckstein, der maßgeblich an der Entwicklung des Syncroantriebs beteiligt, wie er schließlich im T3 reüssierte. Dazu mehr im nächsten Kapitel.

# T2 (1967–1979)

Denn die strammen Motoren sind beliebt, im August 1973 folgt der nächste Sprung auf 68 PS aus 1,8 Litern. Zwei Jahre später sind es 1.970 Kubikzentimeter, der T2 erreicht nun mit 70 PS seinen Leistungszenit. Zumindest was den Serientrimm betrifft, Umbauten oder Experimentalfahrzeuge wie die Gasturbine mit ihren 75 PS seien ausgespart, hier handelt es sich ja aber auch nicht um Autos für den freien Markt.

Der wird freilich in den späten 1970er-Jahren mit einigen Sondermodellen beglückt. Der Käfer hat vorgemacht, wie sich solcherart der Absatz ankurbeln lässt. Und so lanciert VW eine „Champagne Edition“ für die amerikanischen Kunden, wobei auch andere Fahrzeuge wie der Scirocco oder das Käfer-Cabriolet unter dem Label erhältlich sind. Für den deutschen Markt präsentiert VW hingegen kurz nach dem Ende der „Champagner-Ära“ den „S766“. Wir sind im Juni 1978 angekommen und schnell wird der Neuzugang unter seinem neckischen Namen „Silberfisch“ bekannt.

Es ist der erste Bulli überhaupt, den es mit einer Metalliclackierung gibt. Eine marineblaue Innenausstattung und etliche feine Details von der Uhr bis zum Stahlkurbeldach verleiteten die Werbetexter zur Aussage, dass der Silberfisch der „PKW unter den Transportern“ sei und „Altmeister und Jungborn zugleich“. Und natürlich bekommt das mitunter auch als „Silberbus“ bezeichnete Modell den größtmöglichen Motor, den VW für den Bulli anbietet. Zumindest in den heimatlichen Gefilden.

Denn auch jenseits der Weltmeere schreibt der T2 Geschichte. So hat der knuffige Hannoveraner auch in Mexiko sein Standbein, von 1971 bis 1996 nämlich, während in anderen Ländern wie Thailand, Peru, Pakistan, Finnland, Kenia, Ghana oder Sri Lanka eine CKD-Montage stattfindet. Lokale Kooperationspartner montieren die angelieferten Bausätze, die Abkürzung „CKD“ steht hierbei für den Begriff „Completely Knocked Down“. Das lässt sich mit „komplett zerlegt“ übersetzen, wobei nicht nur Volkswagen im Bereich der CKD-Fertigung aktiv ist. Zumeist steuerliche Gründe spielen hier eine Rolle.

*Der Elektro-T2 wird 1978 von den Berliner Energieversorgern zugelassen, VW will im Flottenversuch die E-Mobilität testen. 42 Jahre später rollt der seltene Transporter in die Oldtimer-Sammlung*

# T2 (1967–1979)

Ein ganz besonders spannendes Übersee-Kapitel stellt die Fertigung in Brasilien dar. Und das nicht nur, weil der T1 hier noch bis 1975 gebaut wird, sondern auch, weil anschließend höchst interessante Mischformen mit Karosserieteilen aus T1 und T2 vom Band laufen. Und das bis 1997. Erst dann beginnt die Ära des „Kombi", ein etwas höheres Dach ist das sichtbarste Merkmal des bis 2005 noch immer mit Luftboxer gebauten Wagens. Immerhin leistet der Motor nun schon 58 PS.

Erst am Ende der T2-Ära in Brasilien kommen flüssigkeitsgekühlte Aggregate zum Einsatz: An der Front prangt hierfür ein schwarzer Kühlerkasten, hinten sorgen 78 PS aus 1.390 Kubikzentimetern für Schub. Wirklich zu Ende geht die Geschichte des T2 deshalb tief im neuen Jahrtausend: Der Abschied ist hochemotional, die gesamte Weltpresse berichtet. Fans haben bis heute feuchte Augen, denken sie an das wunderschöne Goodbye im Jahre 2013, mit dem sich Volkswagen Nutzfahrzeuge nach insgesamt 56 Jahren vom Dauerläufer T2 verabschiedet. Der Kurzfilm findet sich unter „The Volkswagen Kombi's Last Wishes" im Netz. Taschentücher bereit halten!

**oben:** *Der Silberfisch ist anno 1978 das letzte Sondermodell des T2, und bestens ausgestattet. Eine Spezialität: Das Ausstellfenster in der Schiebetür, denn das war eigentlich schon 1977 ausgelaufen*

**rechts:** *Wer hätte gedacht, dass er so lange bleibt! Erst 2013 ist Schluss, VW verabschiedet sich ebenso emotional wie würdevoll mit der Finalserie „56 Anos Kombi – Last Edition". Danke, lieber T2!*

# Beach Boys

## Originale Camping-Bulli sind wertvoll. Vor allem in einem solch traumhaften Zustand wie dieses Duo aus T2a und T2b. Die beiden sind jedoch keine Museumsstücke, sondern echte Reisemobile für tolle Urlaube

Alex und Sandra werden durch ein verregnetes Wochenende am Bodensee mit dem Bulli-Virus infiziert: Ein kurzfristig vom Schwiegerpapa aufgedrängter T3-Westi ist eben komfortabler als ein Zelt. Direkt danach beginnt die Suche nach einem eigenen Camper, gerne etwas älter. „Eigentlich seltsam, dass wir nicht früher auf den Geschmack kamen", meint Sandra.

Olli wiederum ersteigert 2006 ein passendes Fahrzeug an der niederländischen Grenze. Bei einer Auktion, die noch 30 Minuten läuft. Ungesehen. „Es sollte eben ein Klappdach-T2-Westi mit dem großen 70-PS-Motor und Helsinki-Innenausstattung sein." Er hat Glück, „zwei Monate Vollgas hätten gereicht, um ‚Emil' wieder auf die Straße zu bringen." Doch dann ist plötzlich seine Sucht nach Perfektion da. „Also alles auseinander. Und dann richtig schön neu aufbauen. Auch, wenn das etwas dauert." Alex findet seinen Bus derweil in der Nähe von Würzburg. Fahrbereit, mit originaler Westfalia-Ausstattung im „Oslo-Grundriss".

Der T2a wird „Zimtstern" getauft, wegen der Farbe, aufgebracht vom Vorbesitzer. „Aber nun ist es mal so – und mir gefällt die Lackierung." Was beiden auch gefällt, das sind potente Motoren, luftgekühlt natürlich. Aber stramm am Gas hängend. Wie es sich eben gehört für echte Beach Boys.

| T2a Westfalia „Oslo“, SO69 | |
|---|---|
| **Baujahr** | 1971 |
| **Motor** | 1.8 Typ 1 |
| **Leistung** | 91 PS |
| **Besonder-heiten** | Nach einem Jahr Gewerbeeinsatz bei Westfalia ausgebaut |
| **Im Besitz seit** | 2011 |
| **Eigentümer** | Sandra und Alex Prahl |

# T2 (1967–1979)

| T2b Westfalia „Helsinki“, SO73 | |
|---|---|
| **Baujahr** | 1977 |
| **Motor** | 2.0 Typ 4 |
| **Leistung** | 90 PS |
| **Besonder-heiten** | Vollrestauration |
| **Im Besitz seit** | 2006 |
| **Eigentümer** | Olli Merbt |

## T2 (1967–1979)

# Take me out to California

### Kit und J.R. waren mit dabei, als das Schlagwort #vanlife erstmals online ging. Und sie leben das. Seit über zehn Jahren in ihrem Bus. 365 Tage im Jahr

Moderne Medien verändern die Welt, #vanlife ist das ideale Beispiel. Es geht zurück auf Foster Huntington. Er war nicht erst 2011 der Meinung, dass es Freude macht, andere an Touren teilhaben zu lassen. Mobil sein, sichtbar sein. Kit und J.R. tun es schon so lange, wie es den Hashtag ihres Freundes Foster gibt. Im Bulli natürlich, gern in Kalifornien. Aber nicht nur, denn zugelassen ist ihr Camper in North Carolina. Deshalb steht „First in Freedom“ auf dem Nummernschild. Ein Bezug auf die erste Unabhängigkeitserklärung von 1775. Die Fakten sind nicht ganz wasserdicht. Doch der Slogan passt, meint er: „Man stellt das Dach auf und ist zu Hause. Für uns ist das kein Urlaub. Wir machen das jeden Tag.“ Nicht für Instagram, sondern aus Überzeugung. All ihr Besitz ist im Bus. Und ihr Bus ist all ihr Besitz. Kleine Taktiken helfen im Alltag, das Aufstelldach ebenso: „Als ob wir zwei separate Räume hätten“, meint er. „Unser Schlafzimmer. Unten ist unser Wohnzimmer“, versichert Kit. Sie freut sich auf jeden Tag. Auf eine neue Sicht auf die Welt. So geht Vanlife.

| **T2b Westfalia „Sunshine“** | |
|---|---|
| **Baujahr** | 1976 |
| **Motor** | 2.0 Typ 4 |
| **Leistung** | 70 PS |
| **Besonderheiten** | leben seit mehr als zehn Jahren im Bulli |
| **Im Besitz seit** | 2011 |
| **Eigentümer** | Kit Whistler und J.R. |

# Für eine bessere Welt

**Steve ist Marinemechaniker. Aber Steve ist auch ein Bulli-Fan, dem etwas an unserer Welt liegt. Deshalb arbeitet er in Cornwall für die Initiative „Clean Ocean Sailing“**

„Mit Freiwilligen fahre ich im Boot die Küste entlang und sammle den Müll an Stränden, die wir von Land aus nicht erreichen.“ Später hievt Steve den Müll per Kran an Land. Dies geschieht mit einer Seilwinden-Konstruktion am Bug seines T2 mit dem Namen „Cecil“. Damit hat Steve vor einigen Jahren sein Boot Stück für Stück an Land gezogen. Es ist 55 Tonnen schwer, 115 Jahre alt. Bei jeder Flut ein Stückchen weiter. Cecil ist ein wahres Arbeitstier, ein Unikat. „Der Motor fährt mit Frittenfett. Abends fahre ich zu den umliegenden Pubs und sammel deren Reste ein.“ Gefunden hat Steve den T2b in Australien, dort war er als Flughafentaxi im Einsatz. „400 Dollar und er gehörte mir. Mit 850.000 Kilometern auf dem Tacho.“ Inzwischen hat der Bulli ein paar mehr, 1,3 Millionen insgesamt. Es wurden denn auch schon fast alle Teile ausgetauscht. „Aber die Hinterradschwinge rechts“, sagt Steve mit Stolz, „die ist – soweit ich weiß – original“. So geht Nachhaltigkeit. Danke, Steve!

Footman
James

# T2 (1967–1979)

| T2b Fensterbus | |
|---|---|
| **Baujahr** | 1977 |
| **Motor** | unbekannt, wassergekühlt |
| **Leistung** | unbekannt |
| **Besonder-heiten** | Bug-Kran, 1,3 Mio. Kilometer, Motor fährt mit Frittenfett |
| **Im Besitz seit** | 1998 |
| **Eigentümer** | Steve Green |

30126

# T2 (1967–1979)

bradfords.c

| T2b Camping-Bus | |
|---|---|
| **Baujahr** | 1974 |
| **Motor** | 1.6 Typ 1 |
| **Leistung** | 50 PS |
| **Besonder-heiten** | originaler Zustand |
| **Im Besitz seit** | 2009 |
| **Eigentümer** | Martin Duss |

# Bulli Liebe made in Switzerland

**Für das Projekt #BULLILOVEstories entdeckte Christian Schlüter eine ganz besondere Familie in der Schweiz. Diese liebt den Bulli und das sieht man nicht nur an ihrem Fuhrpark**

Was sind die liebevollsten und verrücktesten Geschichten, die Menschen mit ihrem VW Bus verbinden? Ist der Bulli nur ein Auto oder ein Familienmitglied, ein Lebensgefühl, eine Ikone? Verbunden mit den Fragen: Kann man mit einem Elektro Bulli überhaupt verreisen und wie finden langjährige Fans der Marke den neuen ID. Buzz? Auf all das gibt die Serie #BULLILOVEstories vielseitige, unterhaltsame, überraschende und beeindruckende Antworten. Es ist die wohl faszinierendste Serie über das weltweite Phänomen Bulli. Dafür war Christian Schlüter inzwischen mehr als 120.000 Kilometer in 41 Ländern im ID. Buzz unterwegs. Es ist die wohl bisher größte Vanlife-Reise eines elektrisch angetriebenen Reisemobils.

Eine der schönsten Liebesgeschichten aus der Serie stammt wohl aus der Schweiz. Martin Duss lebt und liebt den Bulli-Kult zusammen mit seiner Familie. Vor ein paar Jahren begann es mit dem ersten VW Bus „Edi", einem T2 von 1974. Heute sind es nicht nur einige Bullis mehr, auch Frau und Kinder sind begeisterte Anhänger des Kultautos aus Hannover. Von dieser Liebe zeugen nicht nur der Fuhrpark, sondern auch die Eheringe des Paares, in die ein VW-Zeichen eingeprägt wurde. Trotz der großen Auswahl an Fahrzeugen gehen sie immer noch gerne mit ihrem „Edi" und einem kleinen Eriba Wohnwagen in die Ferien und genießen ihre mobile Freiheit.

# Bullis machen glücklich

**Alexander postet vor einigen Jahren einen Weihnachtsgruß. Im Bild sein dekorierter Bulli. In Hannover. Heute verbreiten zwei Bulli-Hundertschaften gute Laune im Advent**

„Ich wollte als selbstständiger Kfz-Gutachter eigentlich eine kreative Werbung schalten", erzählt Alexander P. Frank. „Und dann habe ich gedacht: Das Geld stecke ich lieber in Lichterketten, fahre nach Hannover und mache ein schönes Foto." Das Foto geht viral. Im Jahr darauf glitzern, blinken, leuchten 20 Bullis. Im folgenden Advent wird es dreistellig. 2024 sind es 200 Fahrzeuge, 20.000 Besucher, endlich mal was los in der Stadt! Es freuen sich längst nicht nur Kinderaugen auf den leuchtenden Konvoi aus Bussen oder Käfern, der seine besinnliche Runde durch die Innenstadt dreht. Natürlich erst abends. Und natürlich auch nicht schnell. Damit die Bullis auch wirklich glücklich machen. Vornweg zumeist Alexander. Mit seinem Brasilien-Bus: Die Front T2b, ab der B-Säule dann T1. „Die Türen sind vom Barndoor, allererste Baureihe. Dann haben sie im Werk die Karosserie verändert, damit das T2-Dach auf die T1-Karosserie passt." Und heute? Passen auch noch 11.500 LED´s ans Auto. Aber Weihnachten ist ja nur einmal im Jahr.

| T1.5 Kombi Brasilia | |
|---|---|
| Baujahr | 1976 |
| Motor | 1.6 Typ 1 |
| Leistung | 50 PS |
| Besonderheiten | Brasilien-Kombi mit Elementen von T1+T2, Adventure-Hochdach |
| Im Besitz seit | 2015 |
| Eigentümer | Alexander P. Frank |

# T2 (1967–1979)

## Typ 2 – Transporter 2

Alle klassischen Bullis werden als Typ 2 bezeichnet – der Käfer als Typ 1. Mit dem Modellwechsel nach 17 Jahren kommt nun also der Typ 2 als T2. Alles logisch, oder?

## Längerläufer

17 Jahre lang wird der T1 gefertigt – der T2 schafft sogar 56 Jahre. Zwar nicht in der Heimat, aber dafür in Sao Paulo, in Brasilien ist erst 2013 Schluss. Rund 2,5 Millionen Einheiten entstehen alleine in Hannover

## Der Blick über den Teich

Der T2 blickt vor allem als Camper in die USA. Nicht wenige Amerikaner gönnen sich den Trip ins Alte Europa, holen den Camper im Werk für eine ausgedehnte Reise ab – um ihr Freizeitmobil hernach mit in die Heimat zu nehmen. Im September 1972, während der Olympischen Spiele, sind es bis zu 240 amerikanische Touristen. Pro Tag

## Neue Motoren

Nach einem kurzen Intermezzo mit 47 PS sorgen ab 1970 drei PS mehr für Schub. Danach findet der Kunde auch Flachmotoren im Angebot, am Ende 70 PS stark

## Allrad

Entwickler rund um Gustav Mayer bauen dem T2 einen Allradantrieb ein. Volkswagen lächelt zunächst über das Spielzeug, erkennt dann aber doch das Potential. In Serie geht der Antrieb jedoch erst im T3

## Der T2 rockt!

Auch in den Stückzahlen hängt der T2 seinen Vorgänger ab, 1972 gilt als sein bestes Jahr. VW baut 259.111 Bullis in zwölf Monaten. Ohne Auslandsproduktion

## Erfolgsmodell

Am 5. Februar 1968, nur knapp sechs Jahre nach der ersten Million, wird bereits die zweite voll gemacht. Der zweimillionste Transporter wird gespendet

## Elektrifiziert

Der Bulli eignet sich ideal als Aggregateträger für Versuchsaufbauten. So entstehen Modelle mit Batterieantrieb – oder mit Gasturbine

## Baywindow

Den T1 nennen seine Fans aus der englischsprachigen Welt ob der geteilten Frontscheibe „Splittie“ – den T2 nennen sie „Bay“. Weil die große, gewölbte Scheibe nun an eine Bucht erinnert

## Make-up

Ab August 1971 vergrößert VW die Rücklichter, ein Jahr später wandern auch die Blinker an der Front nach oben neben das Frischluftgitter

## Tankdeckel

Der Deckel wird ab August 1971 eckiger, zwei Jahre später verschwindet er ganz. Fans erkennen an solchen Details das Baujahr

## Ohne Glamour

Die Produktion des T2 endet in Hannover am 31. Oktober 1979 mit der Fahrgestellnummer 219 2 153 964. Ohne Spektakel

1979
1992

# DRITTE GENERATION – T3

H VW 253

# Neue Form, bekannte Technik: Der Ziegelstein aus Hannover

Es sind große Fußstapfen, in die der T3 im Jahre 1979 tritt, knapp fünf Millionen Bullis hat Volkswagen nun schon seit 1950 gebaut. Stolze 17 Jahre war hierbei der T1 im Programm verblieben, beim noch immer sehr rundlichen T2 waren es derer zwölf. Am 31. Oktober 1979 geht seine Ära recht unspektakulär zu Ende, jenseits des Weltmeeres hält der T2 bis Ende 2013 durch. Welch ein Erfolg!

In Hannover steht 1979 somit der erst zweite Wachwechsel in drei Jahrzehnten an. Ganz so rasch wie im Bereich der normalen Pkw soll es zwar nicht gehen mit grundlegend neuen Modellen. Doch zwölf Jahre scheinen dem Management nun doch genug. Es ist Zeit für einen überlegten, gut geplanten Neustart. Zeit für einen Transporter, der den Erfolg in den 1980er-Jahren würde sichern müssen. Und so laufen die ersten Planung bereits zu einem Zeitpunkt, da

*Drei Jahrzehnte, drei Generationen, millionenfach gebaut. Der Prototyp von 1949 gibt sich bescheiden und wird doch zum Lastesel des Wirtschaftswunders. Der gewachsene T2 trumpft mit Luxusambitionen groß auf und schiebt die Messlatte für den kantigen Neuling weit nach oben. Doch der geht seinen Weg*

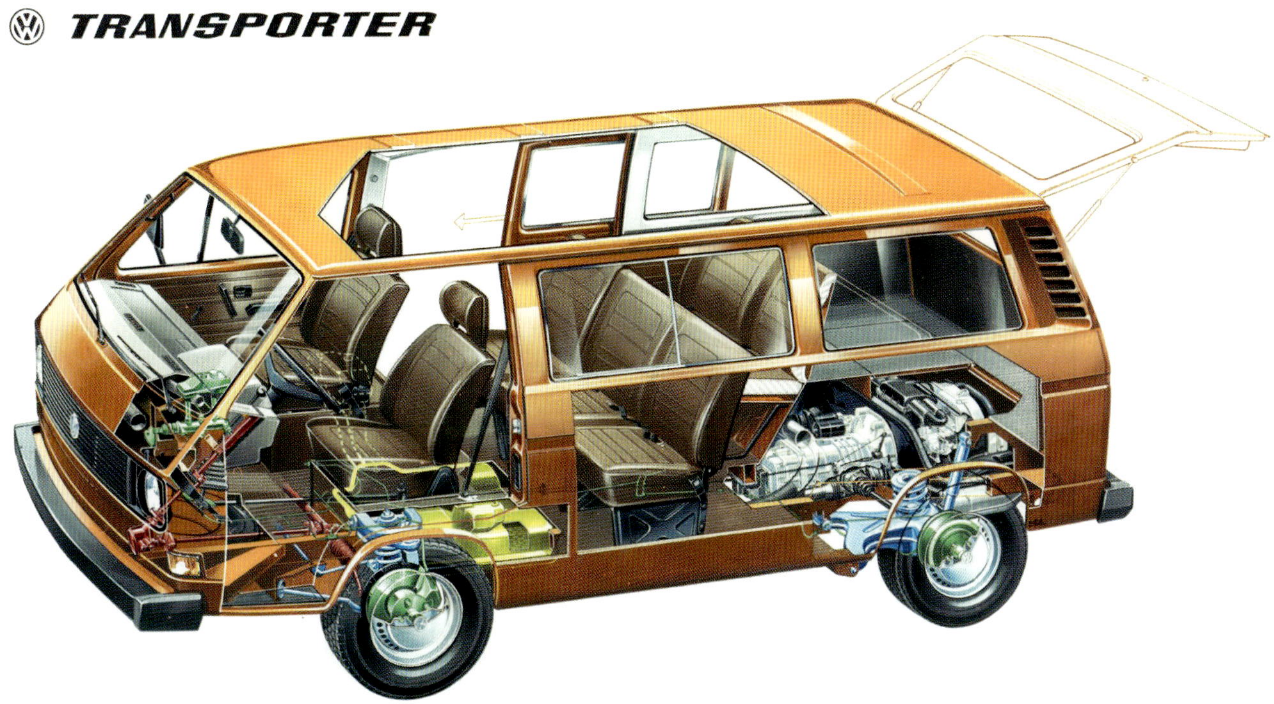


*Bus mit Durchblick, Teil 1: Das neue Fahrwerk mit der Schräglenker-Hinterachse und die Doppelquerlenker-Vorderachse samt Schraubenfedern sind ebenso gut sichtbar wie die von ZF bezogene Zahnstangenlenkung. Im Heck werkelt es noch luftgekühlt, das spart auch den Kühler an der Frontmaske*

schwimmt der T2 ganz oben auf der Sympathiewelle. Wobei Kenner durchaus erahnen können, wohin die Reise geht, präsentiert VW doch 1975 den kantigen LT, den „LastenTransporter". Der rangiert zwar eine Gewichtsklasse höher als der Bulli, gibt aber mit seiner markanten Front einen gewissen Ausblick auf den T3. Von dem weiß jeder, dass er kommt – entsprechend gespannt sind Fans wie Fachleute.

Und sie werden nicht enttäuscht: VW gibt sich vorab wahrlich Mühe und schiebt ein Dutzend verschiedener Konzepte durch das Prüfverfahren, werksintern als „konsumorientierte Nutzwertanalyse" bezeichnet. Hinter der niedersächsischen Überschwänglichkeit des Begriffs steckt die Idee, Raumausnutzung, Fahreigenschaften oder „Zweckeignung" unter die Lupe zu nehmen. Am Ende stellt sich heraus, dass das Bewährte noch immer der beste Kompromiss für diese Klasse ist, will man Material und Mensch wirtschaftlich von A nach B bringen. Also sitzt die Fahrgastzelle vorne, der Antrieb hinten, alles dazwischen ist Nutzwert. Punkt.

Die rundliche Pausbackigkeit der Wirtschaftswunderjahre freilich, die hat der neue Transporter nun abgelegt. Der letzte Käfer-Abkömmling hat sich endlich dem Rest der VW-Familie angeschlossen, deutlich gewachsen und markant-kantig steht der T3 beim Händler. Rein technisch setzt er unverändert auf das bewährte Konzept des luftgekühlten Heck-Boxers, wobei sich die 50 oder maximal 70 PS starken Debüt-Benziner mitunter arg plagen müssen. Denn der Neue hat nicht nur in seinen Abmessungen, sondern auch in Sachen Gewicht ganz ordentlich zugelegt. Somit fallen die Unterschiede beim Modellwechsel trotz übernommener Grundarchitektur spürbar größer aus als beim Sprung vom T1 auf den T2 im Jahr 1967.

# T3 (1979–1992)

*Der Zweifarblack steht ihm nicht minder gut als dem Vorgänger. Im Innern gibt es jedoch mehr Platz, während die flachere Lenksäule der Sicherheit dient. Dieser 79er hat zudem noch ein liebenswertes, bald fehlendes Detail: Das „Blechohr" in der D-Säule wird ab Januar 81 in Kunststoff gefasst*

KLEINBUS
1979
VOLKSWAGEN-NUTZFAHRZEUGE-OLDTIMER.DE

Oldtimer

# T3 (1979–1992)

*Die auch offiziell als „Pritsche" verkaufte Nutzfahrzeugvariante bietet stets die günstigste Möglichkeit, einen T3 zu fahren. Zum Start geht es bei 13.351 DM los, im März 1990 liegt die Version bei 24.730 Mark. Der Kastenwagen ist übrigens nur 150 Mark teurer*

Deutlich wird dies, schaut man sich die schieren Abmessungen an. So legt der Hannoveraner in der Breite um stolze 12,5 Zentimeter zu, was fast komplett der Innenraumbreite zu Gute kommt. Der Längenzuwachs hingegen fällt mit 65 Millimetern verhaltener aus, und bei der Höhe tut sich fast gar nichts, fünf Millimeter sind es lediglich. Die Normgarage ändert sich ja auch nicht, und in die muss ein Bulli einfach hineinpassen. Zumindest im Serientrimm.

Selbst die Werbung nimmt sich des Größenzuwachses an: „Stimmt, der neue Transporter ist tatsächlich ganz schön gewachsen. Wer aber meint, damit nicht mehr zurechtzukommen, setzt sich zur Beruhigung am besten mal hinters Lenkrad." Das haben wohl auch die Werbeleute bei Gelegenheit getan, und so können sie getrost die Trommel rühren. Denn Serie ist nun auch ein spürbar verbessertes Fahrwerk, das ungeahnte Komfortwelten erklimmt. Die Schräglenker-Hinterachse und die Doppelquerlenker-Vorderachse samt Schraubenfedern sowie eine ganz neue Abstimmung sorgen für deutlich bessere Manieren auf der Piste. Nur eine Sache sucht man nun vergeblich: Schmiernippel nämlich, die Zeiten der Fettpresse sind nun auch beim VW Transporter vorbei. Fett findet sich allenfalls an den vielen Fensterflächen, hat man verspielte Kinder mit Butterstullen an Bord. Denn der Zuwachs an Innenraum prädestiniert auch den Bulli der dritten Generation als Gefährt für Familien. Das konnten T1 & T2 zwar auch schon. Doch der T3 kann es besser. Wohl auch deshalb verkündet Volkswagen zum neuen Transporter: „Europas Eintonner Nr. 1: Neu." Das stimmt in vielerlei Hinsicht und denkt den Personentransport gleich mit.

Mitgedacht haben jedoch auch jene Entwickler, deren Betätigungsfeld im Parterre zu finden ist, wo es noch laut und vernehmlich luftboxert. Mit 1,6 oder 2,0 Litern Hubraum angetrieben wird der T3 nicht zur Rakete, wohl aber zum Freund des Tankwarts. Es wirkt schon Ende der 1970er-Jahre ein wenig bizarr, die T2-Aggregate zu übernehmen, wo doch überall sonst im Konzern gern mit Wasser gekühlt wird. Natürlich weist die flachmotorige Bauweise des Antriebs in einem Nutzfahrzeug durchaus Vorteile auf, dank hydraulischer Ventilstößel und elektronischer Zündung entfallen manch lästige Wartungsarbeiten. Und mehr Kofferraumvolumen gibt es dank der um 16 Zentimeter abgesenkten Fläche über dem Motorraum obendrein. Denn die stehenden Lüfterkästen sind im Bulli nun tatsächlich Geschichte. Die Entwickler indes, die haben schon früh erkannt, dass auch der T3 dereinst einen flüssigkeitsgekühlten Antrieb wird haben müssen. Entsprechende Aussparungen für den Leitungsbau oder einen Wasserkühler an der Front werden deshalb schon früh vorgesehen.

Und tatsächlich bekommt das Luftikus-Duo im Heck alsbald Konkurrenz: Zwei Jahre nach der Premiere zieht erstmals ein Diesel-Vierzylinder in den Motorraum ein. Es ist dies der erste flüssigkeitsgekühlte Antrieb im Bulli, den Ventiltrieb übernimmt ein Zahnriemen. VW bewirbt den 50 PS starken Ölbrenner entsprechend selbstbewusst. „Dieselbe Arbeit für weniger Geld: Der neue Transporter Diesel." Mit einem Normverbrauch von 8,6 Litern im Falle des Kastenwagens macht der Diesel-T3 von sich reden, ein Spitzentempo von 110 stört jene, die mit dem spitzen Bleistift rechnen, auch nicht. Denn mit ein wenig Gespür am Gaspedal bescheidet sich der Motor auch mal mit rund sieben Litern, ein sehr respektabler Wert für ein Fahrzeug dieser Größe.

## Volkswagen verdeutlicht die Technik gerne mit Schnittzeichnungen

Apropos Größe: Der Saugdiesel ist ein treuer T3-Antrieb, zum Ende hin erstarkt von 50 auf 57 PS aus 1,7 statt 1,6 Litern. Allen Selbstzündern gemein ist übrigens die um gut 50 Grad nach rechts

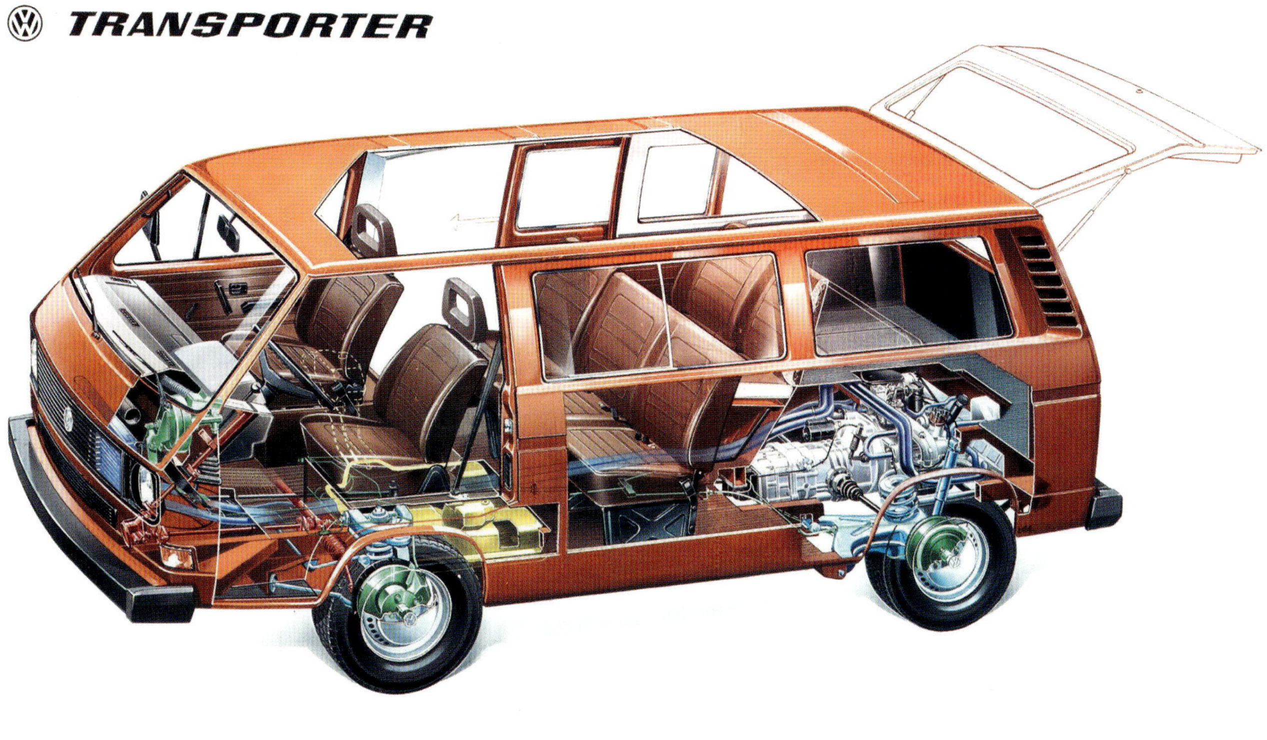


*Bus mit Durchblick, Teil 2: Der Wasserboxer braucht einen Kühler. Der Platz für diesen, wie für die langen, blau gefärbten Leitungen wird schon in der Entwicklung eingeplant. Gut zu sehen ist der gelb getünchte Tank, flach verbaut unter dem Vorderwagen. Das verbessert die Gewichtsverteilung*

# T3 (1979–1992)

*Der T3 wird auch als Einsatzleit-, Rüst- oder Mannschaftswagen für Feuerwehren gebaut. Hier fährt die Einsatzleitung jedoch einen LT, der die kantige Form des T3 früh vorwegnimmt. Für Wehren gibt es eigene Prospekte, wie auch für Krankentransporter oder jene Bullis, die in den Polizeidienst rollen*

geneigte Einbaulage: Der Vierender wird leicht leistungsreduziert aus dem PKW-Programm entnommen. Er muss sich zudem im Motorraum einrichten, konstruktive Änderungen wie eine schräg geschnittene Ölwanne sind unumgänglich. Doch die Kunden lieben die sparsamen, langhubigen Antriebe mit dem feinen Durchzug – und das ist wichtiger als hohe Tempi. Wirtschaftlich denkende Fans sorgen dafür, dass der Anteil der Diesel-T3 sich schon nach einem halben Jahr bei rund 50 Prozent einpendelte. Welch ein Aufschlag!

Einen Hinweis auf den Umstieg zur Wasserkühlung gibt stets der zumeist schwarz gefärbte Zweitgrill an der Front. Er dient jedoch nicht zwingend der Kühlung eines Selbstzünders, sondern kann auch einen Hinweis auf die ab 1982 erhältlichen Wasserboxer geben. Diese setzen nicht nur in Sachen Sound neue Maßstäbe, während die Versionen mit luftgekühltem Motor in Rente gehen. Überschaubare 60 und potentere 78 PS leisten die beiden Versionen des 1,9 Liter messenden Aggregats. Allerdings gilt auch hier, dass der Bandablauf eines Motors nicht zwingend heißt, dass es den Motor nicht mehr gibt. Denn auch die Luftboxer werden weiterhin für einige Exportmärkte wie Südafrika, Argentinien, Mexiko oder Brasilien beibehalten.

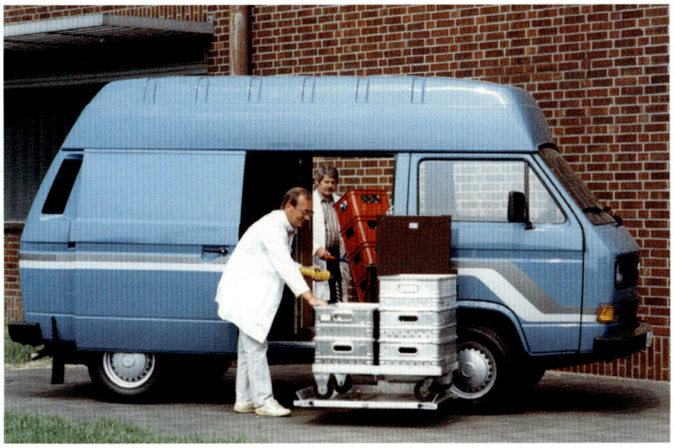

*Was darf es sein? DoKa mit Spriegel? Pritsche? Großraumpritsche? Die Ladefläche misst 2.820 x 1.895 Millimeter! Es gibt auch Hochdach-Kastenwagen mit 7,6 Kubikmetern Laderaum. Sogar als „Doppellader"!*

Hierzulande jedoch genießt die Kundschaft mit dem Wasserboxer, im Jargon „WBX" statt „LBX" für den Luftboxer, ganz neue Vorteile. Die WBX-Motoren agieren deutlich sparsamer, zudem angenehm leise. Dass dafür rund acht Meter an Kühlwasserleitung bis zum Bug verlegt werden, das steht auf einem anderen Blatt. Dafür aber gibt es jetzt tatsächlich auch ein Fünfganggetriebe, ein Luxus.

## Auch der T3 punktet mit einer Vielzahl an Varianten

Zudem sind die Vierzylinder eine solide Basis für mehr Hubraum und mehr Leistung, mit 2,1 Litern ist der Hubraumzenit des Serien-T3 erreicht. Stolze 112 PS und ein grandioser Sound spielen ab August 1985 ganz groß auf, 35 Jahre nach dem Start des Bulli mit seinen bescheidenen 25 PS sieht man hier den technischen Fortschritt. Und weil auch die Umwelt in den 1980er-Jahren immer stärker Berücksichtigung erfährt, gibt es den großen Motor auch mit 95 PS. Hier sorgt denn ein serienmäßiger Katalysator für die Abgasreinigung, ein geregelter Kat gar, also topmodern.

### Der T3 als Kletterziege

Was im T2 erprobt wird, darf im T3 zur Serienreife gelangen, der Bulli wird zum Allradler. 1982 schließen die Verantwortlichen einen Vertrag mit Steyr Daimler Puch in Graz, dort wurde bereits eine Menge Arbeit in die intelligente Visco-Kupplung gesteckt. Denn das Auto sollte, wie Volkswagen Entwickler Henning Duckstein in Interviews betonte, selbst entscheiden, ob gerade ein Allradantrieb notwendig ist.
Eine mit Silikonöl befüllte Zelle beherbergt Flügelscheiben, hälftig verbunden mit Vorder- und Hinterachse. Bei Drehzahlunterschieden, etwa abseits befestigter Wege, rotieren die abwechselnd verbauten Scheiben unterschiedlich schnell und stellen automatisch einen Kraftschluss her. Damit wird der T3 ab Februar 1985 zum echten Offroader. Vor allem, wenn das ab September 1986 angebotene Paket mit 16-Zoll-Bereifung geordert wird, das auch Verstärkungen der Bremsen oder der Karosserie beinhaltet. Gebaut wird der „syncro" in Graz, Karosserien und Motoren werden aus Deutschland zugeliefert. Erst im Juli 1992 endet die Produktion und damit die Geschichte des T3. Zumindest in Europa ...

# T3 (1979–1992)

Der Bulli entwickelt sich immer weiter – und er wird nun endlich zum Allradler für Jedermann. Das Prädikat „syncro“ ist mehr als ein sprachlicher Kunstgriff, der Produkt und Technik sehr gekonnt vereint. Es ist ein Volltreffer, ein Synonym der wilden 1980er-Jahre. Denn dank permanentem Allradantrieb via Visco-Kupplung wird der Kraxel-T3 zur Legende. Immerhin kann man sich nun auch mit einem VW Bus an Stellen festfahren, an die andere Autos erst gar nicht herankamen. Entwickelt wird der Allrad-Bulli, die maßgeblichen Grundlagenarbeiten der späten 1970er-Jahre kamen bereits

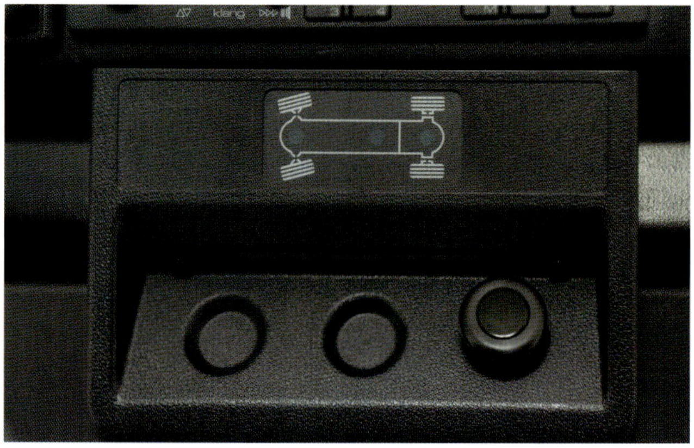

*Die sinnvollen Differentialsperren für den T3 syncro werden ebenso als Sonderausstattung angeboten wie die Automatik, der Drehzahlmesser oder die Anhängerkupplung. VW nennt dies Produktaufwertungen*

*Der T3 syncro 4x4 legt außergewöhnliche Geländeeigenschaften an den Tag. Basis sind ausgiebige Erprobungen, zum Teil in der Sahara, wo auch dieses Bild entsteht. Selbst Kritiker sind nun überzeugt. Obwohl der Preis rund 10.000 DM höher liegt, werden bis zu fünf Prozent der T3 zum Allradler*

*Bus mit Durchblick, Teil 3: Die Vorderachse des syncro ist eine neue Fahrschemel-Konstruktion mit Vorderachsgetriebe und integrierter Visco-Kupplung. Der blau gefärbte Gleitschutz behütet die Technik. Die Visco-Kupplung ist geschlossen, sie arbeitet autonom und nur bei Bedarf*

*Der Allradantrieb ist auch für die echten Transporter wie die Pritsche verfügbar, natürlich auch in der 16-Zoll-Version für den „extremen Einsatz". Heute sind die 16-Zöller denn auch „extrem rar". Nur gut 2.000 Stück wurden insgesamt gebaut*

# T3 (1979–1992)

zur Sprache, in Kooperation mit Steyr-Daimler-Puch in Österreich. Und auch die Fertigung findet in Graz-Thondorf statt, wobei Karosserie und Antrieb von VW aus Hannover zugeliefert werden. Die allradspezifischen Bauteile fertigt das Werk in Graz selber.

Den Anfang in der Auslieferung ab Februar 1985 macht die Version mit dem 78 PS leistenden Wasserboxer, das erste Exemplar wird am 7. Dezember 1984 gebaut. Gut eineinhalb Jahre später kommen auch die großen Aggregate zum Einsatz. Eine maximale Tagesproduktion von 40 Fahrzeugen verdeutlicht den Manufakturgedanken, auch wenn der Vertrieb über Volkswagen läuft. In Graz sieht man die Sache entspannt, unaufgeregt wird hier bis Spätherbst 1992 gefertigt. Am Ende summiert sich die sorgfältige Arbeit auf gut 45.000 T3 syncro. Darunter sind auch einige ganz besonders edle Stücke, die 2.138 für den „extremen Einsatz" konzipierten 16-Zoll-Versionen haben laut Prospekt viel zu bieten. Die um zwei Zoll größeren Räder verbessern Bodenfreiheit wie Wattiefe, spezielle Schwingungsdämpfer, verstärkte Achsantriebswellen oder eine hintere Differentialsperre zeugen vom Anspruch dieses ganz besonderen T3. Der ist schon zu Lebzeiten eine gesuchte Rarität.

**links:** *Der Bulli kann edel! Als Caravelle Carat, man spricht von „der" Caravelle, punktet der Hannoveraner mit komfortablen Einzelsitzen am klappbaren Konferenztisch oder serienmäßigem Fünfganggetriebe*

**unten:** *Der Samba hat einen Enkel: „Die exklusive Großraum-Limousine. Der Caravelle Carat von Volkswagen." Man ist stolz auf den schicken T3, der im März 1990 ab nicht minder stolzen 60.591 DM angeboten wird*

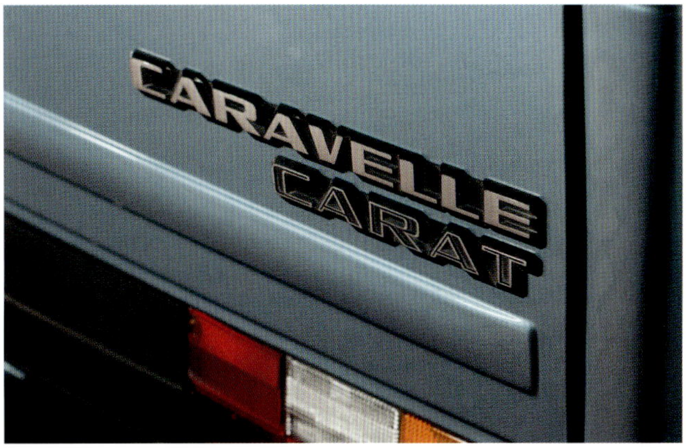

# T3 (1979–1992)

Doch was wären die 1980er ohne einen Turbo! Also lässt sich der Allradantrieb bald auch mit dem 70 PS starken Turbodiesel kombinieren, der im Sommer 1985 eingeführt wird. Sein Sound kommt nicht an den WBX heran, seine asketischen Trinksitten wiegen das aber auf. Dass es trotzdem so lange dauert, bis dem Diesel ein Turbo zusätzliche Kraft einbläst, lässt sich mit der ausführlichen Erprobung erklären. Henning Duckstein, Leiter der Vorentwicklung, erklärt dies einmal mit dem „Einsatzfaktor", der beim Transporter eben drei mal so hoch sei wie im Pkw. Man ist sich also auch bei VW anfangs nicht zu einhundert Prozent sicher, ob der Turbodiesel den harten Anforderungen eines Nutzfahrzeugs standhält. Letztlich aber gelingt das Projekt, der Turbo sorgt für mehr Leistung bei sogar leicht reduziertem Verbrauch.

Maximiert wird hingegen der Nutzwert, denn natürlich bietet der im Inneren deutlich gewachsene Transporter auch eine hervorragende Basis für Freizeitmobile. Das zeigt sich beim 1983 lancierten Caravelle, der davor bereits als Sondermodell Karriere macht, oder beim Multivan, der ab 1985 erhältlich ist. Er ist als Großraumlimousine beliebt, stemmt aber auch den Wochenendtrip. Mit seiner Klappsitzbank im Heck, einem Sitz hinter dem Fahrerplatz gegen die Fahrtrichtung, Klapptisch, Innenbeleuchtung und der optionalen Kühlbox definiert er eine „neue Generation von Freizeitfahrzeugen", wie uns die Werbung nun versichert. Es geht nämlich auch ohne großen Küchenblock, wie ihn die „echten" Camper haben.

Viele Änderungen indes finden eher unsichtbar statt, noch immer fließen stete Verbesserungen in die Serie ein, wie die ebenfalls 1985 lancierte „Einschlüsselsysteme" zeigen. Manche Details wie die elektrischen Fensterheber, die Zentralverriegelung oder die Servolenkung sind optional, manche, wie die Klimaanlage, auch nur einzelnen Modellen vorbehalten. Doch allerorten wird spür-

*Der TriStar syncro gilt als erste Lifestyle-Doppelkabine überhaupt, ideal für berufliche wie private Nutzung. Eine Spezialität ist die vierte, serienmäßige Kabinentür. Fünf Sitze und ein Durchstieg nach hinten gibt es obendrein. Zudem darf er – mit Ausnahmegenehmigung – bis zu 2,5 Tonnen ziehen*

*Die ersten Doppelkabinen des T1 entstanden bei externen Spezialisten, erst 1958 rollt die Bauform ins offizielle Programm. Und jetzt? Ist eine DoKa die Basis für den extra hippen Auftritt des Bulli*

bar, wie sich der Bulli in immer komfortablere Gefilde bewegt. Das pure Nutzfahrzeuggeschäft bespielt VW zwar immer noch. Doch die Idee eines lifestyligen Freizeitfahrzeugs ist ihm deshalb nicht fremd. Und so verwundert es nicht, dass in Hannover zum Jahresende 1985 Sonderschichten gefahren werden. Der Marktanteil des VW Transporters liegt in seinem Segment bei sagenhaften 50 Prozent. Und das bleibt auch noch für eine ganze Weile so.

## Der TriStar kombiniert schieren Nutzen und Lifestyle

Denn schon am 15. Januar 1986 stehen wieder Blumenarrangements am Band. Der Vorstandsvorsitzende Dr. Carl H. Hahn spricht zur Feier der nächsten Million, es ist die sechste, die der Bulli erreicht. Gut 4,5 Millionen rollten aus Hannover in die Welt – welch Erfolg doch aus jenen beiden aus der Not geborenen Bullis des Premierentags im März 1950 erwachsen konnte. Dabei spricht auch der Chef noch immer nicht vom Bulli, er bleibt typisch nüchtern: „Wir haben mit dem Typ 2 ein Konzept, das einen großen Variantenreichtum vom einfachen Lastesel bis zum innovativen Hightech-Fahrzeug modernster Prägung ermöglicht."

Dieses rollt freilich schon viele Jahre vom Band, attraktive Sondermodelle sollen die Marktposition sichern. 1988 wird beispielsweise der „Blue Star" präsentiert, eine Mischung aus Multivan und Caravelle. Der Siebensitzer kommt generell mit einer hochwertigen Ausstattung samt Sitz-/Liegebank und Klapptisch, die beiden Mittelsitze sind ohne Werkzeug demontierbar. Alufelgen oder eine Tieferlegung vervollständigten die Ausstattungsliste des ErVolkswagens, dem im Jahr darauf ein weiß lackiertes Pendant gleichen Wesens nachgeschoben wird, passend als „White Star" bezeichnet.

*1989 wird die Multivan-Familie um den Alleskönner „Magnum" bereichert, der als Vielzweckfahrzeug anrollt, und auf „optische Ausstrahlung" setzt. Der Paketpreis, der ist durchaus attraktiv: Los geht's ab 35.745 DM im Falle des Turbodiesels mit vier Gängen. Größere Motoren kosten Aufpreis*

Überhaupt wirbelt es Ende der 1980er-Jahre so manches Spezialmodell durch die Gazetten. Der „TriStar für Forst, Jagd und Freizeit", eine allradgetriebene Doppelkabine mit hochwertiger Ausstattung ist ein knallbuntes Beispiel. Es wird aus dem Einzelstück „Magma" abgeleitet, dieser rote Blickfang steht fortan im Museum. Der „Multivan Magnum" wiederum schaut wegen der Seitenbeplankung und den Doppelscheinwerfern aus wie der „Carat". Zu diesem Modell meint die Zeitschrift „Trucker", es sei eine „Edelzüchtung", die schon „beim Hingucken naß" mache, denn mit dem „Superbus" komme VW mit „etwas Schnugglichem für den besonderen Geschmack und die pralle Brieftasche" daher. Und tatsächlich überspringt der T3 am Ende seiner Laufbahn die Marke von 30.000 DM. Ohne Extras, wohlgemerkt, zum 1. August 1979 lag der Pritschenwagen noch bei stark 13.000 Mark.

In den späten 1980er-Jahren gehen freilich auch manche Versionen in Rente. So entfällt nach den Werksferien 1989 der große Wasserboxer mit seinen 112 PS, was viele bedauern. Am 8. März 1990 notiert Hannover dafür den 40. Geburtstag des Transporters, der jedoch noch lange nicht als veritabler Oldtimer wahrgenommen wird. Das sollte erst allmählich geschehen, noch bemisst sich der Wert des Bulli vor allem aus seinen aktuellen Talenten. Und die verändern sich bald wieder grundlegend, im Mai 1990 wird die vierte Generation vorgestellt, durchgesickert waren die radikalen Änderungen freilich schon. Wohl auch deshalb verzichtet VW im März auf eine Jubiläumsfeier. Es wären sonst sicher viele Fragen gestellt worden zum neuen T4.

Die Fans allerdings, die halten dem T3 die Ehre. Das führt zu kuriosen Szenen, denn ab Frühjahr 1990 werden die Autos allmählich knapp, längst sind nicht mehr alle Varianten verfügbar. Nach den Werksferien wird der T3 deshalb noch, parallel zum T4, weitergebaut, bis November gar. Doch diese Exemplare sind auch alle seit Monaten vorbestellt. Die Produktion aus Hannover ist nicht minder ausverkauft als jene in Graz. Dort sind die Bestellungen zwar erst 1991 abgearbeitet, doch die Nachfrage ist immer noch gegeben. VW reagiert: Im Februar 1992 werden Anzeigen mit dem Motto „Dies ist ihre letzte Chance“ lanciert. Der kantigen Ikone soll ein würdevoller Abschluss ermöglicht sein.

## Der T3 will 1990 einfach nicht gehen – aus Kunden werden derweil Fans

Wieder geht es um den Multivan, den es nun, und also ein allerletztes Mal, in einer besonderen Ausstattung mit besonderer Optik geben soll. Und zwar als „Limited Last Edition“ in Tornadorot und Orlybluemetallic, die Ausstattung der „LLE“ ist äußerst delikat und umfassend geraten. Der markanteste Hinweis auf die Besonderheit findet sich als Aufkleber zur Baunummer auf den beiden Vordertüren, fahrerseitig auf der Stirnseite wird noch ein Schriftzug aufgebracht. Denn die Serie ist limitiert, auf 2.500 Exemplare ist die ebenfalls in Graz gebaute Finalversion des letzten Heckmotor-Bullis festgelegt. 2.499 gehen nebst Urkunde in Kundenhand, der letzte direkt in die Sammlung der Stiftung Automuseum Volkswagen.

Für Schub sorgen generell der Turbodiesel oder der auf 92 PS eingegrenzte Wasserboxer. Doch wieder wird VW von der großen Nachfrage überrascht. Zudem stehen jetzt viele Werksangehörige auf der Matte, die leer ausgehen. Wieder ein Dilemma also, denn die Sondermodelle sind längst an externe Kunden verkauft. Also bringt Volkswagen zum Jahreswechsel 1992/1993 mit dem Red

*Sondermodelle sind angesagt, der Multivan Blue Star ist 1988 ein voller Erfolg. Der Siebensitzer trägt Starbluemetallic und vereint Details aus Caravelle und Multivan, garniert mit ein wenig Carat-Glitzer. Er wird gerne mit dem später für Mitarbeiter gebauten Modell gleichen Namens verwechselt. Der ist jedoch dunkler und trägt Orlybluemetallic*

# T3 (1979–1992)

*„1653 von 2500“ liest man auf den Türen, ein echter „LLE“ ist ein ebenso echter Blickfang. Selbst Aufkleber mit dem Slogan „Keiner von 2500“ finden sich, und spielen gekonnt mit dem Sonderstatus der LLE, den man dennoch neidlos anerkennt*

*Im März 1992 verkündet eine interne Mitteilung: „Limited Last Edition. Ein echter Klassiker." Das Sondermodell auf Basis der früheren Ausführungen Blue und White Star punktet mit einer ganzen Latte an schicken Details. Von der Wärmeschutzverglasung bis zum Velour-Teppichboden wird viel geboten*

Star und dem Blue Star zwei technisch identische Modelle, die ausschließlich für Mitarbeiter vorgesehen sind.

Damit wird zumindest bei uns der Schlusspunkt gesetzt. Die Ära der klassisch mit Heckmotor gestalteten Busse ist zu Ende, der T4 ist längst das Maß der Dinge. Doch zeigt sich in der trubeligen Schlussphase des T3 eine bemerkenswerte Facette im Umgang mit dem Transporter. Der wird zwar immer noch millionenfach genutzt, als Verbrauchsfahrzeug zuweilen auch be- und ausgenutzt. Doch zeigen sich auch erste Nuancen der Verehrung durch die Fans. Die sammeln nicht nur Devotionalien, vom Bierdeckel bis zum Originalprospekt. Sie fangen auch an, sich verstärkt um den Erhalt des allmählich als Klassiker anerkannten Fahrzeugs zu bemühen. Und plötzlich finden sich auf Oldtimertreffen nicht nur betagte VW Käfer ein. Sondern auch Bullis. Und so sind LLE & Co. möglicherweise ein erster Ankerpunkt der Bullimania des kommenden Jahrtausends. Klare Sache also: Dem T3 waren die Fußstapfen nicht zu groß. Sie waren ihm ja nicht einmal zu kantig.

*Der Limited Last Edition ist binnen kürzester Zeit vergriffen. Denn Fans reagieren schnell, Sammler auch. Es ist der Beginn des endgültigen Abschieds vom T3. Doch ist es ein Abschied mit Stil!*

*In Südafrika überlebt der T3 noch viele Jahre. Kenner sehen die größeren Fenster und natürlich das rechts verbaute Lenkrad. Der Wagen will nicht so wirklich ins bekannte Schema europäischer Augen passen, hat aber bis zu 136 PS aus fünf Zylindern. Das gab es in Europa nie*

## Bulli aus Südafrika

Der VW T3 wird 1990 vom T4 beerbt – und lebt dennoch weiter, die „Limited Last Edition" ist Legende, der syncro nicht minder. Das tatsächliche Aus für den T3 kommt aber erst im neuen Jahrtausend, knapp 10.000 Kilometer weiter südlich. Denn im südafrikanischen Uitenhage, heute Kariega, wird der kantige Hannoveraner noch bis 2002 gebaut, indes mit deutlichen Unterschieden. So sind die Seitenfenster des Rechtslenkers wesentlich größer gestaltet, während im Heck Motoren aus dem Regal von Audi werkeln. Die Fünfzylinder erfordern zwar eine Erhöhung des Kofferraumbodens, bieten aber bis zu 136 PS aus 2,5 Litern. Einige wenige dieser ganz besonderen T3 fahren heute auch auf Europas Straßen, vornehmlich in Großbritannien.

# T3 (1979–1992)

# Einer für alles

**Etliche Bullis kamen und gingen – doch ein T3 Kastenwagen syncro in der seltenen 16-Zoll-Version darf bleiben. Ob als Urlaubsmobil oder Foto-Hochsitz, Kinder-Shuttle oder Zugmaschine, einen besseren Daily Driver kann sich Christoph Ahrens nicht vorstellen**

Nach der bestandenen Führerscheinprüfung träumt Christoph Ahrens mit 19 Jahren vom Bulli. Es wird ein T3 – mit entschleunigenden 50 PS. T4, Kinder, Wohnmobil, Hausbau, Baustellen-Doka (T3), T3-Fensterbus – das Rad der Geschichte dreht sich, und mischt fortwährend den Bulli-Fuhrpark durch. 2020 findet der Bulli-Fan sein Traumauto, einen T3 Transporter syncro, noch dazu in der raren 16-Zoll-Version. Nur leider in desolatem Zustand. Zwei Jahre dauert sein Neuaufbau, in dessen Zuge auch ein 90-PS-TDI aus dem Passat einziehen darf – „der originale 70-PS-Turbodiesel geht einfach nicht."

Heute nutzt Christoph den T3 syncro als Alltagsauto – für Fahrten zum Kindergarten, um einen Bagger zu holen, als Urlaubsmobil oder für Fototouren. Denn: Der Bulli-Fan hegt mit dem Fotografieren eine zweite Passion. Sehr erfolgreich, wie die Bilder dieser Seiten beweisen.

| T3 syncro 16 Zoll | |
|---|---|
| **Baujahr** | 1990 |
| **Motor** | 1.9 TDI |
| **Leistung** | 90 PS |
| **Besonder-heiten** | Passat-Motor |
| **Im Besitz seit** | 2020 |
| **Eigentümer** | Christoph Ahrens |

# Familienmitglied in 2. Generation

**Die Begeisterung hält sich meist in Grenzen, wenn das Auto der Eltern weitergefahren werden soll. Im Falle dieses Caravelle syncro aber ist es eine Herzensangelegenheit**

1988 fahndet Manfred Boltze auf dem Jahreswagenmarkt in Wolfsburg nach einem neuen, reisetauglichen Fahrzeug für seine junge, fünfköpfige Familie. Und entdeckt dabei einen Bulli. Seit diesem Tag gehört der beige-braune T3 Caravelle syncro zur Familie. Mit Kühlbox und Dachzelt geht es mit ihm quer durch ganz Europa. Der älteste Sohn Christoph entwickelt schnell eine Passion zu diesem Bulli. Gerade, als er entdeckt, dass der Caravelle von Familie Boltze auf der Titelseite der Pressemappe zur Vorstellung des Allrad-Bulli abgelichtet war. Für Christoph ist dies der Startschuss in eine Sammelleidenschaft, die ihn heute zum größten Archivar von Bulli-Prospekten macht. Derweil nähert sich sein 18. Geburtstag, an dem er den großen Volkswagen übernehmen darf. Mittlerweile restauriert, doch weiterhin in seinem Besitz, wird er wohl irgendwann auch in die dritte Generation der Familie Boltze übergehen. Schließlich gehört ein Bulli zur Familie. Und dieser ganz besonders.

| T3 Caravelle GL syncro | |
|---|---|
| **Baujahr** | 1985 |
| **Motor** | 1.9 WBX |
| **Leistung** | 78 PS |
| **Besonderheiten** | 2 Differentialsperren und Stahlschiebedach; ehemaliges Pressefahrzeug |
| **Im Besitz seit** | 1988 |
| **Eigentümer** | Christoph Boltze |

GO-CS 577
syncro

# Über den Wolken

## Alex Dewald steuert mit seinem Allrad-T3 gerne abgelegenere Stellplätze an. In den Alpen beispielsweise. Auf alten Militärpisten. Auf 3.000 Metern

Bullis faszinieren ihn schon immer: „An denen schraube ich mein halbes Leben", meint der gelernte KFZ-Mechaniker. „Ich hab' Platz im Auto, Bett und Küche." Im Laufe der Zeit wird aus dem Hobby ein Beruf. Und schließlich die eigene Werkstatt. Dort entsteht auch sein Traumwagen für Reisen durch ganz Europa. Die grobstolligen Reifen rollen durch Island ebenso wie durch heißen Wüstensand: „Rauf und runter durch die Dünen: Surfvergnügen mit 1,7 Tonnen. Jippieh!" Der Spaten klemmt dennoch vorne auf dem Bug. „Man weiß ja nie."

„Vor allem entlang der Grenze zwischen Frankreich und Italien gibt es noch viele der alten Militärpisten, zum Teil aus dem 19. Jahrhundert oder dem Ersten Weltkrieg", erklärt Alex, inzwischen ist Ehefrau Elli stets mit dabei. „Alleine die Nächte dort oben sind atemberaubend: Wer einmal die Milchstraße ohne Streulicht gesehen hat, der versteht die Faszination, die ein Stellplatz auf 3.000 Höhenmetern ausüben kann. „Das ist wirklich das Hotel der 1.000 Sterne."

HD R 6504

Del Colle dell'Assietta
dal km 5+200 (Colle Basset)
al km 36+000 (Pian dell'Alpe)
regolamentazione circolazione veicolare
nei giorni di Mercoledì e Sabato
dei mesi di Luglio e Agosto
dalle 9.00 alle 17.00
9-12-16-23-26-30 LUGLIO
2-6-9-13-16-20-23-27-30 AGOSTO
eccetto autorizzati
PREVISIONE CHIUSURA STRAORDINARIA PER MANIFESTAZIONI
6 - 20 LUGLIO
HD R 6504

HD R 6504
NEW YORK

syncro
HD R 6504
ADAC

## T3 (1979–1992)

| T3 syncro Selbstausbau-Camper | |
|---|---|
| **Baujahr** | 1990 |
| **Motor** | 2.1 WBX |
| **Leistung** | 95 PS |
| **Besonder-heiten** | Höherlegung, Sperren, Allrad zuschaltbar, Geländefahrwerk |
| **Im Besitz seit** | 2008 |
| **Eigentümer** | Alexander und Elli Dewald |

# T3 (1979–1992)

# Das Meisterstück

## Jona Siegrist macht aus einem tapferen T3-Krankenwagen zuerst einen robusten Allrad-Camper und dann eine berufliche Karriereleiter

Ein Krankenwagen mit 80.000 Kilometern? Die ideale Camper-Basis! Milchglasscheiben raus, Möbel rein: Ans Nordkap, rund um die Ostsee, in die Highlands. Jona ist jung, ist frei. Aber auch ein Tischlerlehrling voller Ideen.

Denn zum Sommer 2018 gilt es, ein Gesellenstück zu erschaffen, als Beweis handwerklicher Fertigkeiten. „Die meisten bauen einen Schrank oder eine Truhe. Mir schwebte was mit Alltagsnutzen vor. Also ein Camperausbau für meinen Bulli." Mit Segen der Innung wird das Vorhaben zum Mammutprojekt: 120 Stunden allein für die Entwurfs- und Fertigungszeichnungen, ein massiver Eichenboden mit Ausziehtisch, die Möbel furniert er selbst, eine Arbeitsplatte aus Birne, Schwalbenschwanzverzapfungen! „Die Schuber müssen auch im schottischen Dauerregen und bei 95 Prozent Luftfeuchtigkeit sauber gleiten. Und das tun sie, basta!" Das Ergebnis: Kammer- und Innungssieger, obwohl nur die Möbelzeile bewertet wird, Gesellenprüfung bestanden! Heute hat Zimmerermeister Jona einen eigenen Handwerksbetrieb. Er steckt eben voller Ideen ...

| T3 syncro Selbstausbau-Camper | |
|---|---|
| **Baujahr** | 1987 |
| **Motor** | 2.1 WBX |
| **Leistung** | 95 PS |
| **Besonderheiten** | Höherlegung, Sperren, Allrad zuschaltbar, Geländefahrwerk |
| **Im Besitz seit** | 2015 |
| **Eigentümer** | Jona Siegrist |

## Ganz der Alte – und doch so neu

Die Kundschaft erwartet bewährte Talente in neuen Formen – VW liefert. Doch der Antrieb bleibt auch 1979 hinten. Und er bleibt luftgekühlt. Zunächst

## Rechnerleistung

Die Rahmenbodengruppe wird mit Computerunterstützung optimiert. Sie liegt nun zehn Zentimeter tiefer, das erleichtert Beladen und Einstieg

## Lademeister

Der T3 ist als Kastenwagen nur 45 Kilo schwerer als der Vorgänger, das zulässige Gesamtgewicht des nun 1.365 Kilo wiegenden Hannoveraners liegt bei 2,36 Tonnen

## Endlich Wasser im Heck

50 oder 70 luftgekühlte PS müssen sich doch arg plagen, im September 1980 wird der erste flüssigkeitsgekühlte Antrieb vorgestellt. Der 50-PS-Diesel wird dem Golf entlehnt. Bald folgen auch die kernigen Wasserboxer, WBX genannt

## Allrad – jetzt aber wirklich!

Im Februar 1985 wird der Bulli zum permanenten Allradler. Der „syncro“ mit Visco-Kupplung wird in Graz gebaut, anfangs noch mit einem 78 PS starken Wasserboxer

## Stückzahlen?

Von den Glanzzeiten des T2 kann der T3 nur träumen, 1980 erreicht er mit 174.245 im Inland produzierten Einheiten sein bestes Jahr

## Jubiläen

September 1982: 5,5 Millionen Transporter, Januar 1986: 6 Millionen Transporter. März 1989: 25.000 Allrad-T3 aus Graz. Und am 8. März 1990: 40 Jahre Bulli – doch ohne große Feierlichkeiten. Denn der T4 steht bereits in den Startlöchern

## Legenden leben länger

Erst zwei Jahre nach Einführung des Nachfolgers endet die Produktion des T3 mit Sondermodellen, auch für Werksangehörige. Der Allrad-T3 läuft noch bis Juli 1992 in Graz vom Band, in Uitenhage hält der T3 mit bis zu 136 PS im Heck gar noch zehn Jahre länger durch

## Der Ziegelstein

Der kantige T3 wird von seinen Fans in England in Anlehnung an den T3-Kastenwagen, der als Typ 251 firmiert, auch gerne „model twenty-five" genannt. Andere sprechen nur vom „brick" oder „wedge", also vom Ziegelstein oder Keil

## Nomenklatur

Im September 1983 sortiert VW das Verkaufsprogramm. Kastenwagen, Pritsche, Kombis und DoKas werden nun als „Transporter" vermarktet, Busse als „Caravelle"

## Multivan

Anfangs eine Studie, bald ein Erfolgstyp – und heute eine eigene Modellreihe. Der Multivan ist seit 1985 ein echtes Highlight unter den Bullis

## Stilvoller Abgang

Den offiziellen Serienabschluss begeht VW mit der „Limited Last Edition". Das letzte Fahrzeug trägt die Nummer 2.500 von 2.500. Es steht in Wolfsburg, in der Sammlung der Stiftung AutoMuseum Volkswagen. Hinfahren, anschauen

1990
2003

# VIERTE GENERATION – T4

H VW 889

# Der Revoluzzer: Als T4 erfindet sich der Bulli ganz neu

„Nothing compares to you" schallt es aus den Radios, Sinéad O'Connors Top-Hit des Jahres 1990. Tatsächlich hat der Bulli mit vierzig Jahren Bauzeit eine bis dato beispiellose Karriere vorgelegt. Doch die Zeichen des Jahres stehen auf Umbruch. Nicht nur auf politischer Ebene, auf der sich etwa der Zerfall der Sowjetunion abzeichnet, die Apartheid in Südafrika bröckelt und die deutsche Wiedervereinigung bevorsteht. Volkswagen präsentiert im Sommer die vierte Generation des Multitalents VW Transporter, den T4. Und plötzlich ist alles anders. Der Modellwechsel gleicht einem Paukenschlag: Bis auf das Firmenlogo wurde kaum ein Konstruktionsmerkmal, erst recht kein Bauteil übernommen. Die Entwicklung des Youngsters startete jungfräulich – mit einem weißen Blatt Papier. Im Vergleich dazu wirken die beiden vorherigen Wechsel – aller signifikanten Weichenstellungen zum Trotz – reichlich evolutionär. Der T4 aber ist ein Revoluzzer, denkt das Prinzip „Bulli" völlig neu. Kurzhauber statt Frontlenker, Front- statt Heckmotor, Reihen- statt Boxer-Ottomotoren sowie Vorderrad- anstelle von Hinterradantrieb – alle wichtigen Paramater werden einem Paradigmenwechsel unterzogen. In seiner Radikalität ist die Neuausrichtung des Transporters dem Wechsel vom Käfer zum Golf vergleichbar.

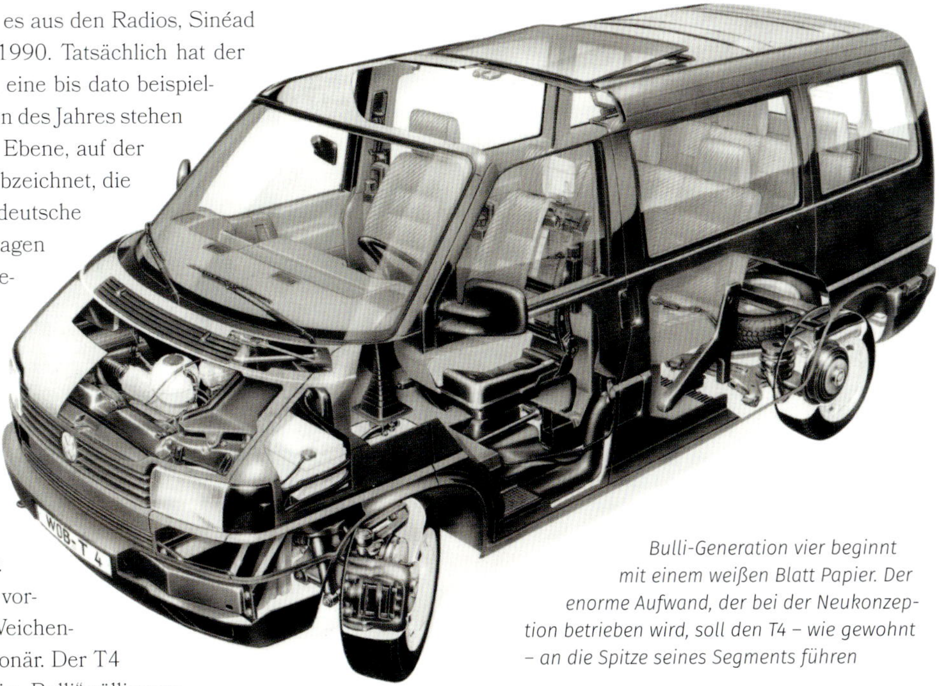


*Bulli-Generation vier beginnt mit einem weißen Blatt Papier. Der enorme Aufwand, der bei der Neukonzeption betrieben wird, soll den T4 – wie gewohnt – an die Spitze seines Segments führen*

Zurückblickend erscheint der Umbruch logisch, hat sich das Kurzhauber-Prinzip in diesem Segment doch auf breiter Front durchgesetzt. Neben allen Nutzwertanalysen, die dafürsprechen, ist der Antrieb der wohl wichtigste Impuls für die Neuausrichtung. Schließ-

*Die Abkehr von der Frontlenkerbauweise macht erstmals auch zwei unterschiedliche Radstände möglich – bei vertretbarem Aufwand*

*Intensive Arbeiten im Windkanal reduzieren den cW-Wert auf 0,36 – und prägen maßgeblich das Design der T4-Front*

# T4 (1990–2003)

lich hatte der Boxermotor im stetig wachsenden Motorenportfolio des VW-Konzerns längst Exotenstatus. Und so wie VHS die Konkurrenten Video 2000 und Betamax verdrängen konnte, behauptete sich der wassergekühlte Reihenmotor in der Automobilbranche. Mit der Übernahme von Audi und Seat gewinnen Skaleneffekte weiter an Bedeutung, selbst Porsche nutzt Volkswagen-Motoren. Schlussendlich liegen Ende der Achtziger Jahre Antriebe im großen Konzernregal, die in ihrer Grundkonzeption transportertauglich sind. Entwicklungschef Gustav Mayer wird die Aussage zugesprochen, dass er bereits den T3 als Kurzhauber konzipiert hätte, wären die entsprechenden Motoren zu dieser Zeit verfügbar gewesen.

Mehr als zwei Milliarden Mark steckt Volkswagen in die Entwicklung des T4, ein bisher beispielloser Invest. Und die beginnt bereits Mitte der 1980er-Jahre, zu Hochzeiten des kantigen Vorgängers. Karl Nachbar, Chef der Nutzfahrzeugentwicklung, erklärt in der Fachzeitschrift Mot (20/1990): „Die Umstellung auf Frontmotor und Frontantrieb war für uns überhaupt nicht selbstverständlich." Intensive Analysen stehen am Anfang des Prozesses, der am Ende dann doch den Abschied vom Frontlenker-Bulli einläutet. Ganz gleich, ob Sicherheit, Belade-Möglichkeiten, Luftwiderstand oder Aggregate-Service – in diesen und vielen weiteren Kategorien kann der Kurzhauber klar punkten. Zudem machen Befragungen deutlich, dass Transportkompetenz, Sicherheit und Komfort für die Kunden oberste Priorität haben. Mayer und seinem ab 1985 amtierenden Nachfolger Nachbar obliegt die Aufgabe, auf dieser Basis ein Konzept zu entwickeln, dass in allen Punkten dem Vorgänger mindestens ebenbürtig ist und lässig an der Konkurrenz vorbeischnüren kann.

Die Neuentwicklung muss auf den Punkt passen. Deshalb spulen getarnte Versuchsträger vor der Präsentation mehr als drei Millio-

*Seine Modellvielfalt ist seit jeher ein Schlüssel zum Erfolg des Bulli, ganz gleich, ob auf PKW- oder Nutzfahrzeug-Seite*

*Der Kurzhauber-T4 mit Frontantrieb ist auch als Zugkopf lieferbar – mit verschiedenen, daran angeflanschten Rahmen. Das eröffnet innovativen Transportlösungen ganz neue Möglichkeiten*

*Passt! Der Traum von Generationen an Bulli-Fahrern wird mit dem T4 Wirklichkeit: Endlich kann eine Palette hinten quer eingeladen werden. Der Laderaum ist topfeben, der Radkastenabstand breit genug*

# T4 (1990–2003)

*Bereits ein Jahr nach Produktionsanlauf startet der neue T4 Multivan. Mit sechs oder sieben Sitzplätzen, einer zum Bett umklappbaren Bank, Tisch, wahlweise auch einer Kühlbox, ist er das Traumauto aktiver Familien*

nen Kilometer auf dem VW-Prüfgelände in Ehra-Lessien ab. Weitere 600.000 Kilometer in unterschiedlichen Klimazonen der Welt folgen – von Wüstenfahrten im heißen Staub Afrikas bis hin zu Touren am eisigen Polarkreis.

Am 28. August 1990 beginnt die Revolution in Volkswagens T-Familie: Im niedersächsischen Kurort Braunlage im Harz wird die vierte Generation des Transporters präsentiert. Optisch hat der neugedachte Bulli mit dem T3 kaum mehr etwas gemein. Dennoch wurden die Dimensionen nur behutsam angepasst. Mit 4,65 Meter fällt der T4 knapp zehn Zentimeter länger aus als sein Vorgänger, Breite (1,84 Meter) und Höhe (1,94 Meter) sind leicht geschrumpft. Damit erhält auch der neue Bulli Einfahrt in die meisten öffentlichen Parkhäuser und in jede private Garage.

Ganz neu: Das Design des Kurzhaubers. Motorhaube und Windschutzscheibe folgen einer Linie, die sich vom Kühlergrill bis zum

*Der syncro-Allradantrieb garantiert ein Durchkommen auch auf anspruchsvollen Untergründen. Zum waschechten Offroader aber fehlt dem T4 syncro ein Plus an Bodenfreiheit. Sein Konzept: Traktionsüberlegenheit dank Allradantrieb*

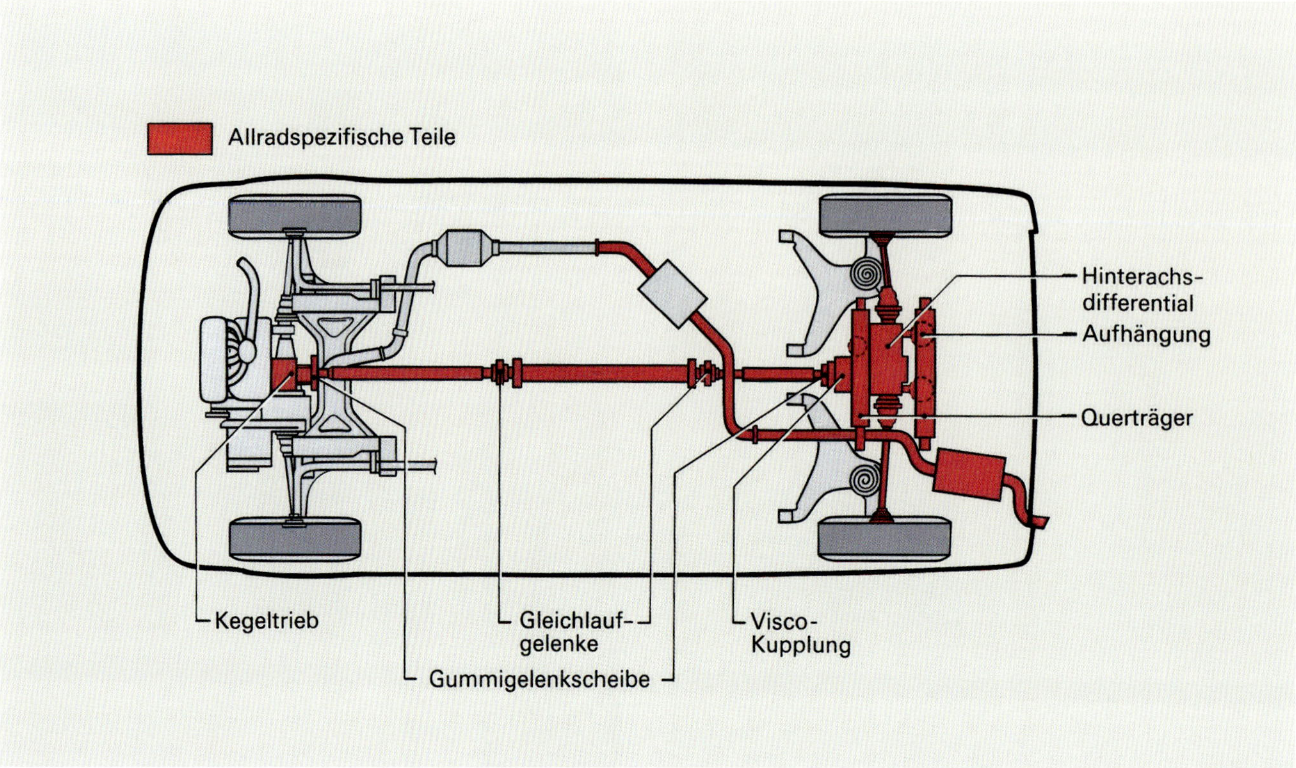


*Nach dem Erfolg des Vorgängers ist der T4 syncro mit Allradantrieb gesetzt. Er übernimmt die Visco-Kupplung vom Vorgänger, die die Momentenverteilung zwischen den Achsen automatisch regelt. Erstmals sind zwei Radstände lieferbar*

Dach spannt. Vorne ist der Motor platziert, schiebt den nutzbaren Raum gen Heck. Der Fahrer sitzt nicht mehr über der Vorderachse, sondern dahinter. Dadurch verkürzt sich der Laderaum um etwa 35 Zentimeter. Aber: Durch den fehlenden Motorraum im Heck fällt das Laderaumvolumen mit 5,4 Kubikmeter im Vergleich zum T3 (5,7 Kubikmeter) kaum kleiner aus. Viel wichtiger: der Wegfall der bisherigen, dem Motorraum geschuldeten Stufe im Boden. Der T4-Laderaum ist beladefreundlich eben. Und noch ein Ass hat der T4 im Ärmel: Eine Europalette kann quer eingeladen werden, Volkswagen hat den Abstand zwischen den hinteren Radkästen entsprechend großzügig gestaltet. Was Generationen von Handwerkern und Händlern sich stets gewünscht haben, wird mit dem T4 Realität: Einfach die hintere Klappe oder die optionalen Flügeltüren öffnen – und schon kann der Gabelstapler die Palette mit der zu transportierenden Ladung in den Bulli hineinstellen. Das Leben kann so einfach sein.

*Eine optionale, mechanische Quersperre für die Hinterachse des syncro erhöht die Wahrscheinlichkeit des Durchkommens auf unbefestigten Wegen enorm. Sie wird via Zug an einem Knauf aktiviert, Unterdruck steuert das System*

Festgehalten wurde an der seitlichen Schiebetür, die mit einer neu konstruierten Mechanik wesentlich leichter und vor allem leiser schließt. Besonders praktisch: die zweite Schiebetür auf der Fahrerseite, die Volkswagen auf Wunsch installiert. Apropos Wünsche: Wahlweise gibt es den Transporter mit 0,8, 1,0 oder satten 1,2 Tonnen Zuladung. Und damit nicht genug: Erstmals bietet Volkswagen das Universaltalent auch in einer um 40 Zentimeter verlängerten Version an. Der Radstand steigt dabei von 2,92 Meter auf 3,32 Meter, die Außenlänge auf 5,05 Meter. Mit 6,3 Kubikmeter Laderaumvolumen wird der T4-Transporter mit langem Radstand auch anspruchsvollsten Transportaufgaben gerecht. Für besondere Transportbedürfnisse wird später eine Variante mit Hochdach nachgeschoben.

Sein finale Gestalt erhält der T4 im Windkanal – da zieht der Youngster mit dem Ur-Bulli T1 gleich. Bündig verklebte Fenster, zum Dach hin eingezogene Flanken und eine nahtlos von der Haube in die Windschutzscheibe übergehende Linie zeugen vom Aufwand der Entwickler, der cW-Wert von 0,36 unterstreicht ihren Erfolg. Doch nicht nur in diesem Bereich ist der T4 klar besser als sein Vorgänger (cW: 0,44). Er kommt auch mit einer kleineren Stirnfläche, schlägt dem Wind ein Schnippchen. Und er wiegt weniger. Beste Voraussetzungen also, den T3 auch an der Tankstelle zu schlagen.

## Neue Reihenmotoren aus dem Konzernregal

Die neuen Reihenmotoren helfen ebenfalls beim Sparen. Sie sind von Hause aus deutlich effizienter, gerade durch ihre langhubige Auslegung. Zum Marktstart gibt es zwei Diesel und zwei Benziner, jeweils ein Vier- und ein Fünfzylinder. Sie basieren sämtlich auf bewährten Aggregaten der VW-Großserie. Logisch, dass Volkswagen sie für den Einsatz im harten Transporter-Alltag umfassend ertüchtigt hat. So wurden nicht nur die Brennräume neu gestaltet, es kommen zudem auch spezielle Pleuel und neue Saugrohre zum Einsatz – um nur einige Maßnahmen zu nennen. Alle Aggregate geben ihre Leistungen bei niedrigen Drehzahlen ab, was eine hohe Dauerfestigkeit sicherstellt. Mit einer Leistungsspanne von 61 bis 110 PS decken sie ein Spektrum ab, das allen Ansprüchen gerecht wird. So lockt etwa der Basisdiesel mit einem Din-Verbrauchswert von minimal 7,3 Liter, der große Benziner stößt mit bis zu 161 km/h Höchstgeschwindigkeit in Temporegionen vor, die dem Bulli bisher verwehrt wahren.

Ein Fünfgang-Handschaltgetriebe portioniert die Motorenmomente, baut auf der Passat-Schaltbox auf. Neben einer angepassten Übersetzung spendierten ihm die Entwickler ein leichtgängiges und wartungsfreies Schaltgestänge, das die Seilzüge eliminiert. Frontmotor sei Dank fällt dieses ungleich kürzer aus als bei den Heckmotor-Vorgängern und lieferte so eine bis dato unerreichte Schaltpräzision im Bulli.

# T4 (1990–2003)

*Das PKW-Programm des T4 umfasst den Caravelle, den Multivan mit sechs Sitzplätzen und Kühlbox, den Multivan mit Ausstelldach und den siebensitzigen Multivan Allstar*

*Mit dem TDI erhält der Bulli ab 1995 den perfekten Antrieb: drehmomentgewaltig bei niedrigen Drehzahlen, leistungsstark und ungewöhnlich sparsam. Ein Aggregat, das es zu jener Zeit in diesem Segment nur bei Volkswagen gibt*

*Sechs Zylinder, 2,8 Liter Hubraum und 240 Newtonmeter Drehmoment: Der 140-PS-VR6 ist der neue Souverän im Bulli-Aggregateportfolio. Volkswagen koppelt ihn stets an ein seidenweich schaltendes Automatikgetriebe*

Der kann sich seit jeher mit seinem PKW-ähnlichen Fahrverhalten von den Mitbewerbern absetzen, der T4 setzt auch hier neue Maßstäbe. Dafür konzipiert Volkswagen ein aufwendiges Fahrwerk: An der Vorderhand koppeln doppelte Querlenker die Radträger an den Aufbau, längsliegende Drehstabfedern sparen Platz im Fußraum. Hinten sorgt erneut eine Schräglenkerachse für Komfort und Fahrpräzision.

Fein ist er geworden, der neue Transporter: Im Vergleich zum Vorgänger wurde die Sitzposition stark in Richtung PKW getrimmt. Die Fauteuils sind noch großzügiger geschnitten, das schmucke Cockpit deutlich an die PKW-Brüder Passat und Golf angepasst. Das macht Lust auf die Langstrecke. Erstmals sind die Säulen der Karosserie vollflächig verkleidet. Mit Einzelsitzen, Zweier- und Dreier-Sitzbänken kann der Fond individuell an die Bedürfnisse der Kunden angepasst werden. Die Bandbreite? Gewaltig – vom reinen Zweisitzer im Basis-Kastenwagen bis zum 12-Sitzer im Kombi mit langem Radstand ist alles möglich.

Durch den Wechsel zum Kurzhauber kann auch das Modellangebot weiter aufgefächert werden als bisher. Neben den bekannten Varianten gibt es etwa auch ein Fahrgestell, das Sonderaufbau-Hersteller gerne nutzen. Sogar der reine Zugkopf kann geliefert werden, das Fahrerhaus mit Achse und Antrieb, an das ein Rahmen mit Hinterachse angeflanscht wird. Unter den höher platzierten PKW-T4 markiert der Multivan die Schnittmenge aus dem klassischen VW-Bus namens Caravelle und dem Campingbulli California. Mit Verdunkelung, Tisch, Kühlbox und Schlafbank ist er das ideale Freizeitmobil und nimmt mit dem optionalen Schlafdach den California Beach späterer Generation vorweg.

## Der TDI: die Idealmotorisierung des Bulli

Sind die T4-Wirbelkammerdiesel in erster Linie sparsam, so ändert sich das Image der Selbstzünder mit dem Erscheinen des ersten TDI 1995 dramatisch: Neben deutlich mehr Leistung verwöhnt er mit einer verblüffend hohen Drehmomentwelle, die ihm eine büffelartige Charakteristik verleiht. In Zahlen: Aus 2,5 Litern Hubraum schöpft der Fünfzylinder-TDI 102 PS und 250 Nm, der bisherige 2,4 Liter-Saugdiesel, ebenfalls ein Fünfzylinder, gerade einmal 78 PS und 160 Nm. Dabei unterbietet der neue TDI den bisherigen Knausermeister, den Vierzylinder-Saugdiesel, im Verbrauch deutlich. Souveräne Fahrleistungen bei überraschend niedrigen Kosten an der Tankstelle – der TDI gilt bis heute als Idealmotorisierung. 1998 legt Volkswagen nach, hebt einen 151-PS-TDI ins Portfolio. 295 Newtonmeter liefert der Souverän, natürlich ohne an der Tankstelle zu patzen. Eine 88-PS-Variante rundet den TDI-Dreiklang nach unten hin ab.

# T4 (1990–2003)

*1998: Zwei Jahre nach dem großen Produktupdate startet mit dem 151-PS-TDI das überzeugendste Aggregat im T4-Motorenprogramm. Das rote „i“ in der Typenbezeichnung wird zum Statussymbol der Bulli-Piloten*

**links:** *Dem neuen Power-TDI verhilft ein Turbolader mit variabler Turbinengeometrie (VTG) und innermotorischer Feinschliff zu 151 PS – das reicht für 181 km/h Spitze. Bedeutsamer freilich sind die büffelartigen 295 Nm Drehmoment*

**rechts / rechts unten:** *1999 sichert Volkswagen die guten Handling-Eigenschaften des T4 mit einem ESP ab, das je nach Ausführung sogar in Serie verbaut wird. Der T4 ist das erste Modell seiner Klasse mit dem elektronischen Rettungsanker*

# T4 (1990–2003)

**rechts:** *Die Doppelkabine ist nur mit langem Radstand (3.320 mm) lieferbar, transportiert sechs Arbeiter nebst Material sicher und zuverlässig zu Baustelle. Ihr Bruder, die dreisitzige Pritsche gibt es wahlweise auch mit kurzem Radstand (2.920 mm)*

**unten:** *Ob City, Baustelle oder Tagebau – der Kastenwagen macht überall eine gute Figur. Zwei Radstände, zwei Dachhöhen und drei Gewichtsklassen – sein Variantenreichtum ist ein Schlüssel zum großen Erfolg. Ein anderer: die überragenden Aggregate*

Ein Allradantrieb wurde nach dem großen Erfolg des T3 syncro bei der Konzeption des T4 bereits berücksichtigt. Gleichwohl wird der T4 syncro aber erst ab 1993 gefertigt, bis dahin baut Steyr-Puch in Graz die letzten Einheiten des heute so begehrten T3 syncro. Die Montage wurde verlegt, erfolgt ab sofort komplett im Transporterwerk in Hannover. Steyr-Puch liefert die entsprechenden Komponenten nach Niedersachsen – für den kurzen wie für den langen Radstand. Herzstück ist erneut eine selbstsperrende Visco-Kupplung. Der Schwerpunkt des Allrad-T4 liegt aber mehr auf Traktionssicherheit denn auf Geländekompetenz, der T4 syncro baut daher weniger hochbeinig als der Vorgänger. Volkswagen verzichtet auf eine kernige Offroad-Variante vom Schlage des seligen T3 16-Zoll-Syncro.

Sechs Jahren nach dem Produktionsstart folgt der nächste Paukenschlag: Das Universaltalent erhält eine große Produktaufwertung, die den T4 ganz nahe ranrückt an den späteren T5. Dabei bekommen die PKW-Varianten Caravelle, Multivan und California einen um acht Zentimeter verlängerten Vorderwagen spendiert, blicken mit den leicht gepfeilten Scheinwerfern entschlossener in die Welt. Der Bulli sorgt sich mehr um seine Insassen, Fahrer und Beifahrer werden ab sofort durch einen Airbag geschützt. Für die Nutzfahrzeuge gibt es immerhin einen Fahrerairbag, ein

*Auch Taxi-Unternehmer setzen auf den robusten VW T4. Als Großraum-Taxi ist der Transporter Kombi ein echtes Pfund – gerade in der Version mit langem Radstand. Auch eine große Clique kommt damit komfortabel von der Disco nach Hause*

# T4 (1990–2003)

*Leder ist das dominierende Element im Fond des Caravelle Business – neben den drehbaren Einzelsesseln sind auch Wände, Türen und Dachrahmen, ja sogar der Tisch mit dem edlen Naturmaterial bezogen*

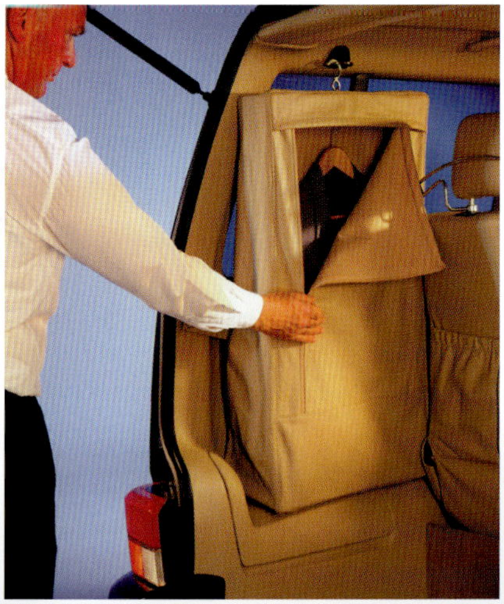

*Der T4 wildert sogar auf Vorstandsparkplätzen – als Caravelle Business. Das rollende Konferenzzimmer ist klassischen Luxuslimousinen überlegen, zieht in Sachen Ausstattung gleichauf. Auch im Preis: Der Luxus-Bulli startet bei knapp 86.000 Mark*

## Der Bulli als Langzeitauto

Hohe Qualität ist seit jeher ein Versprechen des Bulli, sie wird mit dem T4 auf eine neues Niveau gehoben. Seine Karosserie wird im Rohbau durch eine Zink-Phosphatierung geschützt, ehe eine KTL-Tauchgrundierung bestmögliche Resistenz gegen Korrosion sicherstellt. Heißwachs schützt zusätzlich, gerade in feuchtigkeitsgefährdeten Hohlräumen. Die gleichmäßige Beschichtung wird dabei durch eine moderne Flutanlage sichergestellt. Im Verbund mit weiteren Maßnahmen garantieren diese Maßnahmen einen umfassenden Schutz vor Rost, den der Hersteller mit einer Sechsjahresgarantie verbrieft.

Das Qualitätsversprechen wird auch durch neue Fertigungsverfahren getragen: Große Karosseriebleche etwa werden erstmals geklebt, was das Gewicht und die Rostanfälligkeit reduziert. Auch die Wartungskosten werden reduziert, etwa durch spürbar längere Inspektions- und Wartungsintervalle. Für Servicearbeiten kann der Kühler ganz einfach vorgeklappt werden – die Entwickler haben an alles gedacht.

**oben:** *2001 gibt es dazu das Sondermodell Panamericana auf Basis des Multivan syncro mit Xenonscheinwerfern, Schweller-Schutzrohren, Unterfahrschutz für den Antrieb, schicken Leichtmetallrädern und einem Reserveradhalter am Heck*

**ganz oben:** *1999 rollt der T4 ins Guinness Buch der Rekorde: Zwei seriennahe Multivan TDI syncro fahren die berühmte Panamericana – von Alaska bis Feuerland. 22.880 km – in 15 Tagen, 14 Stunden und 6 Minuten*

# T4 (1990–2003)

*Hochdach und langer Radstand: Mehr Platz im Werks-T4 geht nicht. Bei 5,11 Metern Länge und 2,43 Metern Höhe fasst der Laderaum bis zu 7,8 Kubikmeter. Ohne Hochdach sinkt das Volumen auf 6,3, bei kurzem Radstand auf 5,4 Kubikmeter*

ABS ist optional verfügbar. Bei den PKW-Varianten gehört dieses zur Serienausstattung. Und: die optionale Climatronic wird durch eine getrennte Fond-Regelung aufgewertet.

Der wahre Kracher aber ist der Neuzugang im Motorenportfolio: Hier schlägt der erste TDI das große Kapitel der Diesel-Direkteinspritzer auf – der Bulli hat seine Idealmotorisierung gefunden. Als weiteres Antriebsschmankerl serviert Volkswagen den VR6, einen 2,8-Liter-Souverän mit 140 PS. Sein Vortrieb endet erst bei 174 km/h, der Bulli mischt auf der linken Spur auf einmal vorne mit. Das Aggregat passt nur in den neuen Vorderwagen, ist daher für Transporter, Pritsche und Co. tabu. Mit unzähligen Verbesserungen, etwa in den Bereichen Karosseriesteifigkeit, Schiebetürmechanik und Geräuschdämmung schmeckt Volkswagen die Qualitäts- und Komfortattribute des Bulli neu ab.

*Mit durchgehend zwei Tonnen Anhängelast, 100 Kilo Stützlast, seinem kurzen Hecküberhang und dem ESP-System bringt der T4 beste Voraussetzungen für den Gespannbetrieb mit, die der syncro weiter ausbaut*

# T4 (1990–2003)

**links:** *Kurz vor dem Finale befreit Volkswagen den 2,8-Liter-Benzinmotor von seiner Fußfessel: Mit jetzt 204 PS und 245 Nm Drehmoment agiert er ungleich souveräner als sein 140-PS-Vorgänger, macht knapp 200 km/h Spitze möglich*

**unten:** *Volkswagen kennzeichnet den Power-Sechszylinder mit einem halbroten V6-Badge. Im Grundaufbau aber gleicht der V6 seinem VR6-Vorgänger. Auch hier ist das Automatikgetriebe Serie*

In den Folgejahren beschreitet der T4 den Weg zur Moderne konsequent weiter: 1998 etwa folgen zwei weitere TDI, im Modelljahr 1999 gibt es neue Armaturen und der Multivan bekommt drehbare Einzelsitze in der zweiten Reihe, blitzschnell auf Schienen verschiebbar. Ein Navigationssystem ist genauso bestellbar wie das Fahrstabilisierungssystem ESP. Außer für den Syncro. Die Visco-Kupplung verhindert eine Kombination – Allradantrieb und ESP sind erst beim T5 möglich. Nach der Jahrtausendwende erstarkt der VR6 auf dramatische 204 PS, wird in „V6" umbenannt. Nach 14 Jahren endet 2003 die Produktion des revolutionären T4, bisher wurde keine Transporter-Baureihe in Hannover länger gefertigt.

**oben:** *Das Beste zum Schluss: Zum Modelljahr 2003 beschließt das Multivan-Sondermodell „Last Edition" die T4-Ära. Sie ist ausschließlich mit den stärksten TDI oder dem V6 zu haben. Schicke 17-Zoll-Räder nebst Tieferlegung gehören zur Serienausstattung*

**rechts:** *Feines Leder und Alcantara dominieren das Interieur der Last Edition, bespannen neben den Sitzen auch die Seitenverkleidungen des Fahrerhauses. Neben Sitzheizungen und Climatronic gibt es auch einen Tempomaten*

## T4 (1990–2003)

# Lass uns einfach losfahren!

### Unbedarft die richtige Richtung einschlagen, ohne jede Vorgabe das Ziel einer Reise finden. Offen sein für neue Länder: Was, außer einem Bulli, kann hier als Fahrzeug bestehen?

Die Basis: ein Behördenfahrzeug aus Köln. Der Kauf: eine Odyssee mit schmalem Geldbeutel. Das Ziel: irgendwo hinterm Horizont links. Oder rechts. Der Name: Hugo, ein treuer Geselle. Nicht nur in Marokko: „Das war unsere erste richtig lange Tour", meint Christine, „und sicher die mit den bisher eindrücklichsten Momenten", merkt Lukas an. „Da stehst Du ganz alleine mitten in der Wüste auf der Düne. An einer Stelle, an die vielleicht Kamele oder ‚richtige' Offroader hinkommen. Und das mit einem selbst ausgebauten Bulli, nachts. Irre!" Ist es nicht schön, wenn einem die gesamte Milchstraße Respekt zollt?

Vergessen sind in diesem Moment die Hürden des Umbaus des alten T4 syncro zum Autark-Camper, vergessen die Enttäuschung, die Panamericana finanziell nicht stemmen zu können. Christine und Lukas sind inzwischen zu dritt, „der Kleine" belebt die Szenerie im Bulli. Und sie genießen jeden Moment. Sie machen erst Europa unsicher und dann das Hobby zum Beruf. „Bodenfreiheit" wird zur Marke, auf Instagram, auf Youtube. „Für die Homepage mussten wir den Bindestrich in die ‚Boden-Freiheit' nehmen, aber auch das geht ja." Überhaupt: Es geht ja irgendwie immer. Beide sind sich einig, dass die Suche nach Perfektion am Ende sinnlos ist. Weil man dann vielleicht gar nicht erst losfährt. Und entsprechend niemals irgendwo ankommt.

Wohin die Reise mit Hugo noch geht? Christine und Lukas wissen es nicht. Und man hat das Gefühl, sie wollen es gar nicht wissen. „Das findet sich." Es kann ja auch die Panamericana sein. Muss aber nicht. Eindrucksvolle Momente finden sich überall. Und die Milchstraße auch.

| T4 syncro Eigenbaucamper | |
|---|---|
| **Baujahr** | 1995 |
| **Motor** | 2.5 Otto |
| **Leistung** | 110 PS |
| **Besonderheiten** | Camper- und Offroadumbau |
| **Im Besitz seit** | 2018 |
| **Eigentümer** | Christine & Lukas Sanders / #bodenfreiheit |

# T4 (1990–2003)

FÜ T 4

# T4 (1990–2003)

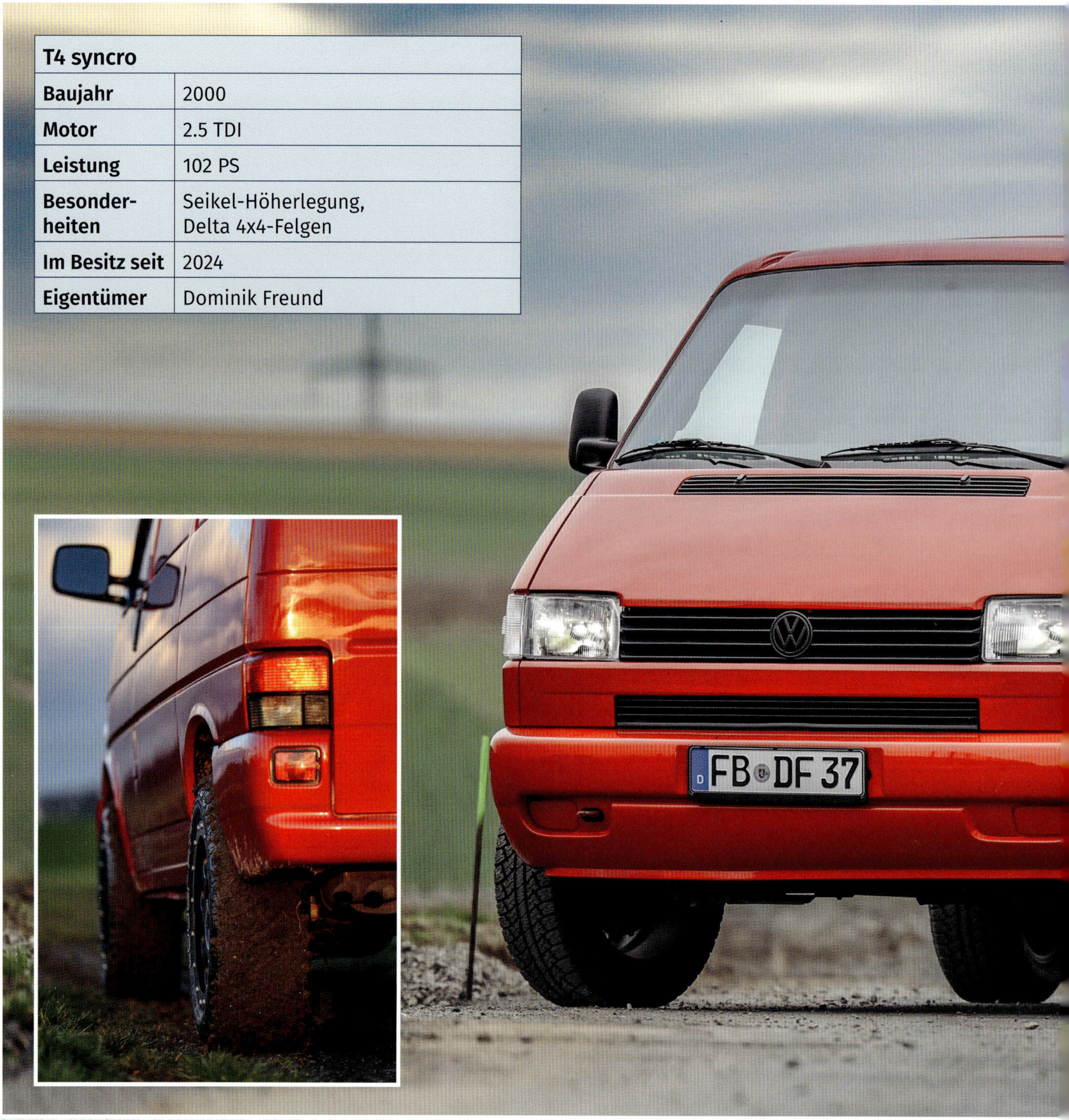


| T4 syncro | |
|---|---|
| Baujahr | 2000 |
| Motor | 2.5 TDI |
| Leistung | 102 PS |
| Besonder-heiten | Seikel-Höherlegung, Delta 4x4-Felgen |
| Im Besitz seit | 2024 |
| Eigentümer | Dominik Freund |

# Der perfekte Stance

## Top oder Flop – die Wahl einer Rad-/ Reifenkombination prägt entscheidend den Auftritt eines Autos. Youtuber Dominik Freund geht bei seinem T4 Kastenwagen einen eigenen Weg. Und landet dabei einen Volltreffer

Eigentlich nutzt Dominik Freund seinen T4 Kastenwagen im ursprünglichsten Sinne: als Transportfahrzeug. Der Supermoto-Fan transportiert damit seine Bikes, reist am Wochenende gerne zu Events oder einfach nur zum Training. Auf den fein ausgebauten Autobahnen und Landstraßen der Republik. Doch der Allrad-Bulli wirkt, als müsste dabei gröbstes Gelände gequert werden. Ein Seikelfahrwerk mit 30 Millimeter Höherlegung und derbe AT-Räder verleihen dem T4 einen ungewohnt martialischen Auftritt. Doch Dominik Freund braucht keine Offroad-Challenge zum Bau eines Hardcore-syncro. Denn: „Es sieht geil aus. Und: Es hat keiner!“

Die „Klassik B“-Felgen aus dem Hause Delta 4x4 gelten in der Offroad-Community als Standard, derbe AT-Pneus (Loder AT#1) des Formats 235/60 R17 vervollständigen den herben Look. Neben der Optik prägte der Fulltime-Youtuber (#Freundship) den T4 auch in anderen Belangen: So versüßen klimatisierte Sitze aus dem Zubehör das Reisen mit dem T4 genauso wie eine Soundanlage. Und seit neustem erweitert ein Schlafdach das Einsatzgebiet des T4 enorm. Für große Touren jedoch nutzt Dominik Freund Volkswagen-Campervans größeren Kalibers, deren Umbauten er in seinem Channel dokumentiert.

# Feuer, Eis & Dosenbier

## „Carbage“ ist die Kombination aus Car & Garbage. Der „Carbage run“ ist dementsprechend der ultimative Roadtrip in einer alten Rostlaube. Über die schönsten Straßen Europas. Gerne auch im Winter

Tim und sein Kumpel Christoph wollen schon 2020 zum „Carbage run“, aus coronalen Gründen gelingt das jedoch erst 2022. Doch jetzt hat das Fieber zugeschlagen. Dem Reiz, in einem mindestens 20 Jahre alten Verbrauchsauto an Europas größtem und verrücktestem Roadtrip teilzunehmen, erliegen die beiden schnell. Und nicht zum letzten Mal. „Wir waren bald in einer Männertour unterwegs“, erinnert sich Tim. Schweden und Norwegen nehmen die beiden im Bulli unter die Räder, abwechselnd in einem ihrer beiden Autos. „Mein Lumpi hat dabei anfangs echt Zicken gemacht, gekauft hab ich ihn mit Motor- und Getriebeschaden. Aber jetzt läuft er.“ Rund 3.500 Kilometer stehen nach solch einer Woche zusätzlich auf der Uhr. Und Arbeit gibt es auch: „Schnee schippen, Stellplatz räumen, Holz schleppen, all so was.“ Aber das Bier am Lagerfeuer im Schnee, das will erstens verdient sein. Und das ist zweitens unbezahlbar. So schön kann Urlaub sein!

| **T4 syncro** | |
|---|---|
| **Baujahr** | 1993 |
| **Motor** | 2.4 Diesel |
| **Leistung** | 78 PS |
| **Besonderheiten** | minimaler Camperausbau |
| **Im Besitz seit** | 2022 |
| **Eigentümer** | Tim Liedtke |

222
TUNING

# T4 (1990–2003)

2023
Garbage run
THE ULTIMATE WINTER ROAD TRIP
SL TL 7

# Ein Malibu mit Happy End

**Seit 2009 ist dieser frühe T4-Malibu im Familienbesitz, treu bringt er seine Gäste ins Wochenende wie in den Urlaub. Dann folgt das Tal der Tränen**

Carthago ist seit den 1970ern im Geschäft, früh fokussiert auf VW. Beachtliche Stückzahlen werden gefertigt, bald ist das Unternehmen ein Star. 1990 wird der Malibu auf dem T4 präsentiert – vom nun zweitgrößten Hersteller von Campingbussen auf Basis von VW-Kastenwagen in Europa. Carthago ist jetzt der größte unabhängige Hersteller. Applaus!

Dieser hier rollt im März 1992 auf die Straße und 2009 in seine jetzige Familie. Lange Reisen nach Italien, spontane Trips, aber auch den Alltag stemmen die 78 Diesel-PS. Doch es kommen die ersten Technikbaustellen, 2015 dann das Abstellgleis. Zu wenig Zeit, zu viele Projekte. Schnee im Winter, Hitze im Sommer, Mäuse ganzjährig. Doch der Malibu hält durch: „Mir tat der Camper immer irgendwie leid", meint Jochen Götzmann, der schließlich des Bruders Wagen aus dem Dornröschenschlaf holt. Und mit einer Menge Arbeit in die H-Zulassung führt. Rechtzeitig zum 30. Geburtstag ist der Bus wieder unterwegs. Ein Happy End mit Frontmotor sozusagen.

| T4 Carthago Malibu | |
|---|---|
| **Baujahr** | 1992 |
| **Motor** | 2.4 Diesel |
| **Leistung** | 78 PS |
| **Besonder-heiten** | Originalzustand |
| **Im Besitz seit** | 2009 |
| **Eigentümer** | Jochen Götzmann |

# T4 (1990–2003)

## Ausgezeichnet

1992 wird der VW Transporter T4 mit der Auszeichnung „Van oft the Year" prämiert – verliehen von der IVOTY Co Ltd., einer Gruppe ausgewählter Fachjournalisten

## Bauzeit

In 13 Jahren werden 1.873.022 Einheiten des T4 Transporter gefertigt. Damit liegt der erste Kurzhauber auf Augenhöhe wie dem Ur-Bulli T1

## Hallo Neue Welt

1992 beginnt der Verkauf des T4 in den USA unter dem Namen EuroVan, eine hochwertig ausgestattete Spielart des Caravelle. Doch der Erfolg bleibt hinter den Erwartungen zurück

## Neue Heimat

1995 wird die VW-Unternehmensstruktur neu organisiert: Aus dem Unternehmensbereich Nutzfahrzeuge wird die Marke Volkswagen Nutzfahrzeuge gegründet

## Jubiläum

Am 18. März 1997 wird der achtmillionste Transporter gefertigt – 47 Jahre nach dem Serienanlauf

## Luxus-Van

1997 beginnt die Fertigung des Caravelle Business, der mit reichlich Komfort, Leder und Kommunikationselektronik eine Alternative etwa als Vorstandsfahrzeug darstellt

## *Millionending*

**Am 21. Januar 1998 läuft der millionste T4 vom Band und wird an Pon´s Automobielhandel ausgeliefert**

## *Aber sicher*

**Der T4 ist der erste Vertreter seiner Klasse, der mit dem elektronischen Stabilisierungsprogramm ESP zu haben ist – ab 1999**

## *Leistungsspektrum*

**Die Dieselmotoren im T4-Portfolio leisten 61 bis 151 PS, die Benzinmotoren 84 bis 204 PS**

## *Trophäenjäger*

**Mehr als 30 nationale und internationale Auszeichnungen werden dem Bulli der vierten Generation verliehen**

## *Europäer*

**1997 startet Volkswagen im polnischen Werk in Poznań die zweite Transporter-Fertigung – neben der Montage im Stammwerk Hannover**

## *Innovationstreiber*

**Der erste direkteinspritzende Dieselmotor seiner Klasse debütiert im T4, hebt Spar- und Fahrspaß auf ein neues Niveau**

2003
2024

# GENERATION FÜNF/SECHS – T5/T6

H PR 203

# Die Erwachsenen: T5 und T6 führen den Bulli zu großer Reife

Mal zwei: Im Jahr 2003 ist die neue Währung Euro bereits ein Jahr alt, doch viele rechnen die Preise nach wie vor in Mark um. Unsere Fußballdamen werden erstmals Weltmeister und in Mexico läuft der letzte VW Käfer vom Band. Dafür beginnt im Frühjahr in Hannover eine neue Ära: VW Nutzfahrzeuge präsentiert die fünfte Bulli-Generation T5, die – später weiterentwickelt zum T6 – mehr als zwei Jahrzehnte gebaut werden soll. Angekündigt wurde sie bereits ein Jahr zuvor – von VWN-Boss Bernd Wiedemann. Bereits in Sachen Entwicklungskosten schlägt der T5 den Vorgänger deutlich: Allein für Transporter, California und Multivan werden zwei Milliarden Euro investiert – zweimal so viel, wie für die gesamte T4-Baureihe.

*Der T5 bleibt dem T4-Bauprinzip des Kurzhaubers treu, wird aber an entscheidenden Stellen weiterentwickelt. Etwa mit einer frischen Motorengeneration oder einem neu konzipierten Fahrwerk*

Der Neue aus Hannover baut auf den Prinzipien des Vorgängers auf. Und ist doch ganz anders. Mit 4,89 Metern Länge finden 18 Zentimeter mehr Platz zwischen den Stoßstangen, der Radstand wächst um deren acht auf glatt drei Meter. Durch ein Plus von sechs Zentimetern in der Breite (1,90 Meter) und zwei Zentimetern in der Höhe (1,96 Meter) tritt der T5 spürbar voluminöser auf, ohne dabei beim Parken zu patzen: Keine fünf Meter Länge und weniger als zwei Metern Aufbauhöhe – dem Bulli ist weiterhin die Einfahrt in die meisten öffentlichen Tiefgaragen gestattet. Seine großzügigeren Abmessungen münzt er direkt in ein opulenteres Raumangebot um. Bei den PKW-Varianten macht sich das durch spürbares Plus an Komfort, beim Transporter an einem auf 5,8 Kubikmeter gewachsenen Laderaum bemerkbar (T4: 5,4 Kubikmeter).

Souverän-bullig, dabei sportlich-elegant – der Auftritt des Kurzhaubers gerät deutlich selbstbewusster als bisher. Sein Geheimnis:

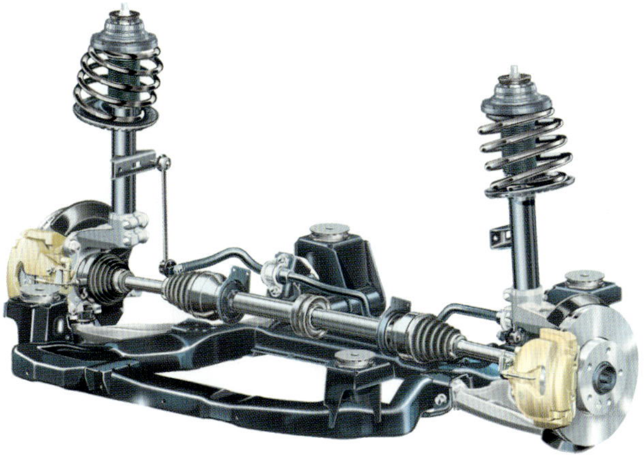

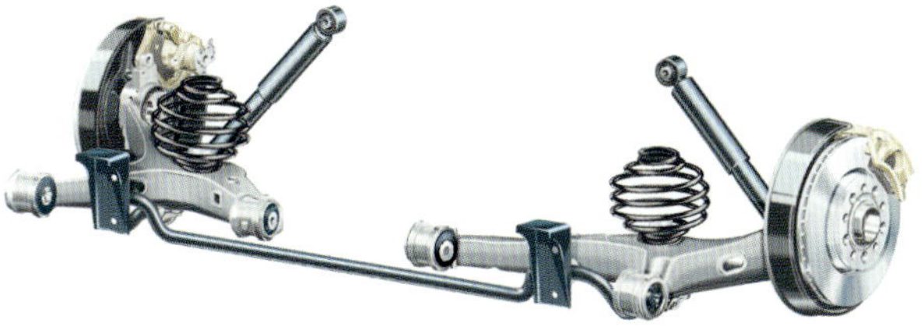

**oben:** *Gegossene Schräglenker übernehmen die Führung der Hinterräder. Leichter als beim T4 können sie zudem größere Kräfte vertragen. Opulente Gummilager erhöhen den Komfort*

**links:** *Völlig neu entwickelt: die Vorderachse mit McPherson-Federbeinen und unteren Querlenkern. Sie stützen sich an einem Fahrschemel ab, der den Antrieb vom Aufbau entkoppelt*

# T5/T6 (2003–2024)

*Mit seinem gewachsenen Radstand, der breiten Spurweite und dem neu entwickelten Fahrwerk nebst üppig dimensionierten Stabilisatoren liegen die Handlingeigenschaften des T5 auf PKW-Niveau. Der Fahrkomfort ebenso*

*Der T5 startet mit neuen Motoren, von denen die Diesel besonders gefragt sind – allesamt TDI. Je zwei Vier- und Fünfzylinder stehen zur Wahl, letztere sind aus dem V10 TDI abgeleitet. Die Leistungen? 86 bis 174 PS*

*Dank eines Schienensystems können die Fond-Möbel im Multivan blitzschnell arrangiert werden. Beeindruckend: der ebenfalls verschiebbare Tisch in der Mitte kann flott zusammengefaltet werden*

vorteilhafte Proportionen und aufwendiger Design-Feinschliff. So ist etwa die linke Flanke aus nur einer Blechtafel gefertigt, die störende Naht entfällt. Nach oben versetzt wurde die seitliche Karosseriesicke, was für einen gefälligen Auftritt sorgt. Sein durchgehendes Glasband wird durch von außen aufgesetzte Seitenscheiben geformt, es verleiht dem Bulli eine elegante Note. Schlussendlich kaschieren die Designer die Schiebetürschiene diskret mit einer Abdeckung. Für einen souveränen Auftritt sorgen eine breite Spur und die kraftvollen Schultern. Bei aller Gefälligkeit des neuen Designs konnten die Kreativen zudem der cW-Wert reduzieren – von 0,36 auf 0,35.

*Die Karosseriesteifigkeit erreicht ein neues Level, der Rostschutz ebenso. Dazu ist der Unterboden mit Schalen verkleidet, die Bodengruppe feuerverzinkt. Auch die Karosserie wird elektrolytisch verzinkt, Hohlräume werden wachsgeflutet*

Die Zeichen weisen nach oben: Der Hersteller installiert den neuen Multivan der fünften Transportergeneration als „dritte Premiumbaureihe von Volkswagen" – neben dem Luxus-SUV Touareg und der Luxus-Limousine Phaeton, heißt es in der Pressemappe. Spätestens im Cockpit wird der Anspruch offensichtlich. Die horizontale Linienführung der hochwertigen Armaturentafel unterstreicht die Breite des Bulli, eine sanft gewölbte Hutze überspannt die Anzeigen. Erstklassige Materialen und eine hochwertige Verarbeitung verströmen einen Hauch von Noblesse, distanzieren den Multivan von allzu Nutzfahrzeugigem. Der Schalthebel sitzt als Joystick nun griffgünstig direkt neben dem Lenkrad – das kommt der Bedienung und der Schaltpräszision genauso zugute, wie dem Durchgang zum Fond.

## Neue Reife: der variable Multivan-Fond mit Schienensystem

Bestmöglicher Nutzwert ist seit jeher oberste Prämisse des Bulli, da macht auch der T5 keine Ausnahme. Beispiel Ablagen: Aus der Mittelkonsole lassen sich Cupholder und Aschenbecher ausklappen, darunter nimmt ein gekühltes Fach große PET-Flaschen auf. Auch das Handschuhfach bietet eine Kühlfunktion. Zusätzliche Staufächer organisieren die Dinge des fahralltäglichen Bedarfs, Abdeckungen verbergen diese diskret. Der Reiseatlas – nicht jeder Kunde ordert das optionale Navigationssystem – findet in einem der großen Fächer der Türverkleidungen Platz.
Große Armlehnsitze, körpergerecht geformt und angenehm straff gepolstert, laden auf die Langstrecke ein.

Genau dafür ist der Multivan prädestiniert: die große Fahrt mit Kind und Kegel. Der hochvariable Fond lässt sich nun noch situationsgerechter darauf einstellen. Herzstück: ein Schienensystem, auf dem die Möbel annähernd stufenlos verschoben werden können. Für eine Vis-a-Vis-Bestuhlung lassen sich die Einzelsitze mit integrierten Kindersitzen um 180° drehen, die Sicherheitsgurte sind direkt daran befestigt. Achtern gibt es eine breite Sitzbank, auf der drei Reisende komfortabel Platz finden. Auf Schlaufenzug kann diese fluchs in eine gemütliche Liegestatt geklappt werden, um zum Transport sperriger Güter einfach nach vorne verschoben zu werden. Abgerundet wird die multifunktionale Fondmöblierung durch ein faltbares Tischmodul, das ebenfalls im Schienensystem gleitet. Übrigens: Ab sofort wird der Multivan in Serie mit zwei Schiebetüren gebaut – zumindest in den höheren Ausstattungslinien.

Komfort, Nutzlast und Präzision – darauf lassen sich die Zielvorgaben der Fahrwerksentwicklung zusammenfassen. Vorne kommen McPherson-Federbeine zum Einsatz, deren Querlenker sich an einem schwingungsgedämpften Hilfsrahmen abstützen. Zusammen mit den üppig dimensionierten Silentblöcken der Schräglenkerhinterachse sorgt dies für einen klasse Geräuschkomfort an Bord, Motor- und Abrollgeräusche dringen kaum mehr durch. Die Handlingeigenschaften profitieren von starken Stabilisatoren und der deutlich steiferen Karosseriestruktur. Übrigens: Der Unterboden ist mit Kunststoffschalen voll verkleidet, genauso wie die Radhäuser. Damit bleibt das Prasseln von Split oder Spritzwasser außen vor,

# T5/T6 (2003–2024)

**ganz oben:** *Ergonomisch perfekt gestaltet: das T5-Cockpit. Viele Ablagen nehmen die Gegenstände des fahralltäglichen Bedarfs auf, eine Joystick-Schalthebel glänzt mit klasse Erreichbarkeit und bester Präzision*

**oben:** *Die Innenraumbreite fällt mit einem Plus von 12 Zentimetern in Schulterhöhe deutlich großzügiger als im T4 aus. Auf der Fondbank der Doppelkabine fahren drei gestandene Männer bequem auf Montage, ohne anzuecken. Leder gibts auf Sonderwunsch*

**links:** *Sechs Personen finden im Pritschenwagen mit Doppelkabine Platz, die Ladung auf 4,2 Quadratmeter. Mit Einzelkabine (drei Personen) und kurzem Radstand sind es deren 4,9, mit langem Radstand 5,7 Quadratmeter*

# T5/T6 (2003–2024)

Kaum zu glauben: Der teuerste Volkswagen seiner Zeit kommt aus Hannover – der T5 Business. Der Fond geriert sich mit feinstem Nappaleder, Edelhölzern und imposanten Bentley-Sitzen reichlich luxuriös. Dazu passt die Minibar für Champagner-Flaschen genauso, wie die opulente Multimedia-Ausstattung. Auch der Basispreis von rund 133.000 Euro (2005, inklusive Multimediasystem) wird dem Anspruch eines Vorstandsfahrzeug gerecht

das Aufspritzen eines Unterbodenschutzes ist überflüssig. Überhaupt besticht der T5 mit einem erstklassigen Korrosionsschutz: Die Bodengruppe ist feuerverzinkt, Hauben, Türen und Kotflügel elektrolytisch. Zusätzlich werden sämtliche Hohlräume der Bodengruppe mit Wachs geflutet.

## Souverän und sparsam – die neue Generation der TDI-Aggregate

Und unter der Haube? Spendiert Volkswagen ein neues Aggregate-Programm. Beispiel Selbstzünder, die durch Sparsamkeit und bäriges Drehmoment im Fokus des Kundeninteresses stehen: Von genügsamen 86 bis zu sehr dynamischen 174 PS reicht das Portfolio – allesamt TDI. Bekannte 1,9-Liter-Vierzylinder oder die flammneue Fünfzylinder-Generation mit 2,5 Litern Hubraum und Aluminium-Gehäuse stehen zur Wahl. Mit 400 Nm Drehmoment entpuppt sich der Top-TDI als wahrer Souverän. Spitzenwerte gibt es auch auf Seiten der Ottos: 235 PS leistet der 3,2-Liter-V6, knackt mit 206 km/h Spitze erstmals die 200-km/h-Marke. Ökonomischer freilich ist der 115 PS starke Zwoliter-Benziner. Fünf- oder Sechsgang-Handschaltungen oder ein Wandlerautomat mit sechs Fahrstufen stehen zur Wahl.

Neben dem Familienallrounder Multivan wird die PKW-Sparte des Bulli-Portfolios durch den Caravelle für den professionellen Personentransport sowie den Camping-Bulli California ergänzt. Auch auf Seiten der Nutzfahrzeuge spielt der neue T5 zu Höchstleistung auf. Sie eint ihr durch und durch praktische Ansatz. Unlackierte Stoßfänger etwa verzeihen kleine Rempeleien auf der Baustelle, eingelassene Trittstufen erleichtern das Scheibenkratzen im Winter. Beispiel Armaturentafel: Robuster ausgeführt, bietet sie noch mehr

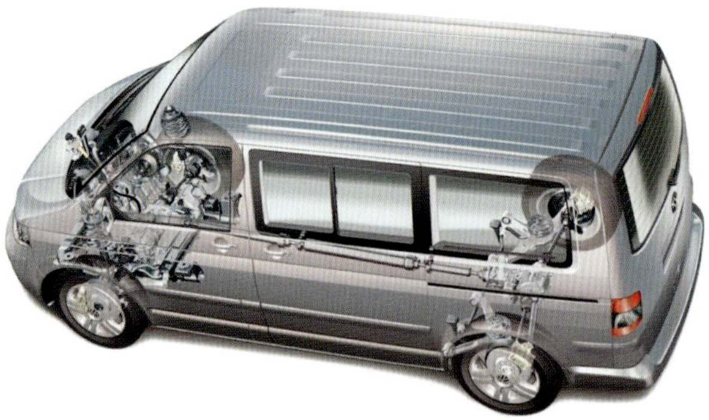

*Allradantrieb? Logisch, gibt es auch im T5 wieder – ganz neu konzipiert. Eine elektrohydraulische Lamellenkupplung ersetzt die Viscokupplung, die im T3 debütierte. Auch sein Name ist neu: 4Motion*

### 4MOTION-Allradantrieb

Sowohl die starken T5-Motoren als auch das ESP-System machen ein neues Allradsystem nötig. Als zentrales Regelelement schickt eine im Ölbad laufende Lamellenkupplung die Viscokupplung in Rente. Ölpumpen erzeugen den nötigen Druck, um ihre Lamellen axial zusammenzudrücken. Durch ihre schnelle Reaktionszeit kann der Hinterachsantrieb bei Schlupf an der Vorderhand stufenlos eingebunden werden, im Normalfall ist der Allrad-T5 kraftstoffsparend mit Vorderradantrieb unterwegs. Im Extremfall werden jedoch 100 Prozent Kraft auf die Hinterhand übertragen. Mit der Neuausrichtung der Technik ändert sich auch der Name – von syncro zu 4MOTION.
Ab 2010 kommt eine weiterentwickelte, elektronisch gesteuerte Version des Systems zum Einsatz. Die Pumpen werden durch ein Ölreservoir ersetzt, das via Pumpe ständig 30 bar Öldruck bereithält. Ein Ventil steuert den Ölfluss zur Betätigung der Kupplung. 40 Sensoren regeln das System, das mit einer hundertstel Sekunde viel schneller auf Schlupf reagieren kann als bisher. Zudem erhöht es aktiv die Sicherheit: Registrieren die Sensoren etwa Schlupf an den Vorderrädern, wird die Hinterachse zugeschaltet, noch ehe der Bulli untersteuert.

**rechts:** *Die 4MOTION-Technologie deckt ein breites Spektrum ab: von Traktionssicherheit im Alltag über Schlechtwege-Kompetenz für Einsatz- und Freizeit-Bullis bis hin zu Expeditionseinsätzen. Empfehlenswerte Ergänzung: die hintere Differential-Sperre*

**ganz rechts:** *Der Multivan Panamericana führt den Gedanken des gleichnamigen T4-Typs von 2000 weiter fort: Höherlegung, verkürztes Getriebe und AT-Reifen stärken die Offroad-Kompetenz, zweifarbige Ledersitze seine Luxus-Attitüden*

*Was machbar ist in Sachen T5 und Allrad zeigt der offizielle Volkswagen-Lieferant Seikel mit dem Extreme. Portalachsen mit in den Radträgern integrierten Einzelraduntersetzung sorgen für 38 Zentimeter Bodenfreiheit. Und 100 Prozent Steigfähigkeit*

# T5/T6 (2003–2024)

*Mit der Modellpflege blickt der Bulli entschlossener in die Welt, verliert sein „Happy Face". Unter der Haube arbeitet eine neue Motorengeneration, sowohl bei den Ottos als auch bei den Selbstzündern – mit einheitlich vier Zylindern, zwei Litern Hubraum und Turboaufladung*

**oben:** *Ein frisch überarbeitetes Cockpit mit optimierten Sitzen empfängt den Piloten. Ein größeres Display informiert wahlweise in Farbe, dafür entfallen zwei der sechs Rundinstrumente. Neue Infotainmentsysteme und ein frisches Lenkrad runden die Überarbeitung ab*

**ganz links:** *Das neue Doppelkupplungsgetriebe DSG verbindet den Komfort eines Wandlerautomaten mit der Effizienz einer Handschaltbox*

**links:** *Effizienzsteigerung gewinnt zunehmend an Bedeutung, Volkswagen führt beim Bulli daher die Start/Stopp-Technologie ein. Dazu gibt es neben einer speziellen Batterie auch einen verstärkten Anlasser*

Ablagen, die ohne Abdeckung den gesuchten Zollstock auf einen Blick präsentieren. Kastenwagen, Pritsche, Doppelkabine, Fahrerhaus und Zugkopf – der T5 ist erneut optional mit einem 40 Zentimeter längerem Radstand zu haben. Drei Dachhöhen sorgen für noch mehr Varianz und ein Laderaumvolumen von bis zu 9,3 Kubikmeter. Mehr als 60 Grundvarianten garantieren jedem Kunden einen exakt auf seine Bedürfnisse zugeschnittenen Bulli. „Individuelle Lösungen für Transport- und Beförderungsaufgaben sind unser Wettbewerbsvorteil", erklärt VWN-Chef Bernd Wiedemann dazu.

Aber sicher – auf den Bulli ist Verlass: Fahrer- und Beifahrerairbag, Seiten- und Kopfairbag schützen im Fall der Fälle, letztere gibt

# T5/T6 (2003–2024)

*Auch die einfacher gehaltene Transporter-Schalttafel profitiert vom Modellwechsel: Neben neuen Anzeigen mit Schaltempfehlung gibt es ein neues Lenkrad und frische Infotainmentsysteme*

*Der Transporter Kombi markiert die Schnittstelle zwischen Nutzfahrzeug und PKW. Preisbewusst und robust ausgestattet wie ein Transporter bietet er vier bis neun Sitzplätze, ist mit zwei Radständen und drei Dachhöhen lieferbar*

*Sondermodell zum 25-jährigen Jubiläum des Multivan: der Edition 25. Schwarze Dekore, ein schwarz lackiertes Dach sowie sportive Aluräder sorgen für einen dynamischen Auftritt. Erstmals sind Xenon-Scheinwerfer mit LED-Tagfahrlicht verfügbar*

es auch für die Fondpassagiere. Je nach Aufbauvariante kommen weniger Systeme zum Einsatz. Alle T5 aber rollen mit ABS zum Kunden, ein ESP ist ebenfalls verfügbar.

Sondermodelle und neue Ausstattungsvarianten prägen die ersten Modelljahre. Und die Einführung des Dieselpartikelfilters 2006 bei der Umstellung auf Euro 4 – zumindest für die Fünfzylinder. Die dürfen ein letztes Mal zum großen Finale aufspielen. Denn 2009 werden sie ausgemustert. Mit der großen Produktpflege (GP) zieht ein völlig neues Motorenportfolio ein. Drei Merkmale eint die Aggregate – ganz gleich, ob Otto oder Diesel: vier Zylinder, zwei Liter Hubraum und Turboaufladung. Der stärkste TDI bläst die ganz dicke Tuba, dazu rotieren gleich zwei Turbolader: 180 PS und 400 Nm liegen auf Augenhöhe mit dem fünfzylindrigen Vorgänger, der Verbrauch aber satte 15 Prozent darunter. Die Selbstzünder starten bei 84 PS, doch selbst dieser Basis-TDI serviert 220 Nm Drehmoment. Möglich macht's die konsequente Nutzung der VTG-Technologie, der Einsatz von Ladern mit variabler Turbinengeometrie. Auch die

# T5/T6 (2003–2024)

**ganz oben:** *Mit der neuen Variante Transporter Kombi Doka Plus wird das Doppelkabinen-Prinzip auf den geschlossenen Transporter übertragen: Neben fünf Arbeitern transportiert dieser Bulli mindestens 3,5 Kubikmeter Ladung zur Baustelle, separiert durch eine Trennwand*

**oben:** *Das T6-Fahrwerk wurde vom T5 übernommen, dabei vollkommen neu abgeschmeckt. Das sorgt für noch mehr Präzision und Komfort. Für die PKW-Versionen wird erstmals ein adaptives Dämpfersystem (DCC) angeboten*

**links:** *Mit viel Aufwand verfeinert Volkswagen den T5 zum T6, der optisch auch gerne mal mit den Ahnen kokettiert – durch eine Zweifarblackierung und Radkappenfelgen. Dazu gibt es besonders robuste TDI-Motoren – entliehen aus dem kommenden Crafter –, ein neues Cockpit und eine nochmals gesteigerte Qualität*

# T5/T6 (2003–2024)

Ein rotes Dekorband prägt das Cockpit, genauso wie Alcantara-Sitze, eine 3-Zonen-Climatronic und ein umfangreiches Arsenal an Assistenzsystemen. Keine Frage: Der Generation Six ist heute auf dem Weg zum Klassiker

*Das T6-Sondermodell Multivan Generation Six glänzt mit kultiger Zweifarblackierung, weißen Radkappenfelgen und einem umfangreichen Ausstattungspaket. Dazu gehören LED-Scheinwerfer genauso wie getönte Dämmglasscheiben*

bisher genutzte, hauseigene Pumpe/Düse-Einspritzung kommt aufs Altenteil. Common-Rail erlaubt den sicheren Umstieg auf die Euro 5-Abgasnorm. Zwei Benzin-Motoren mit 150 und 204 PS runden das Motorenportfolio ab. Und noch ein Technik-Schmankerl feiert Premiere: das Doppelkupplungsgetriebe DSG. Deutlich effizienter als ein Wandlerautomat bietet es vergleichbaren Schaltkomfort.

Neues Lenkrad, neue Anzeige und frische Infotainmentsysteme – auch das Cockpit profitiert von der Produktaufwertung, die den Bulli an vielen Stellen optimiert. Das ESP etwa regelt noch feinfühliger, bietet ab sofort auch eine Gespannstabilisierung. Und einen Anfahrassistenten. Überhaupt unterstützen immer mehr elektronische Helfer den Bulli-Piloten: Der Spurwechselassistent etwa überwacht den toten Winkel, eine Rückfahrkamera den Rangierraum hinter dem Bulli. Vor Druckverlust im Pneu warnt die Reifendruck-Kontrolle. Außen ist der T5.2 an seiner neuen Front, besonders an den frisch modellierten Scheinwerfern zu erkennen, die ihm einen fokussierteren Blick verleihen. Später sind diese erstmals auch mit Xenonbrennern und LED-Tagfahrlicht bestellbar.

2015 – Tusch! – erfolgt die Staffelübergabe an den T6. Dieser baut weiterhin auf dem Karosserierohbau des T5 auf, ist ansonsten aber in erheblichem Umfang neu entwickelt. Sein Anspruch: Qualität und Reife auf ein neues Niveau zu heben. Auf 65 Jahre Bauzeit kann der Bulli zurückblicken, entsprechend selbstbewusst ist sein Auftreten 2015. Markante Scheinwerfer, wahlweise mit LED-Technologie, ein über die gesamte Breite gezogener unterer Kühllufteinlass und eine Motorhaube mit markant ins Blech gebügelten Sicken verleihen dem Bulli-Gesicht entschlossene Souveränität. Mit viel Feinpolitur wertet Volkswagen den T5 zum T6 auf. Die Spiegel etwa sind tiefer

*Der will nicht nur spielen: mit Allradantrieb, Diff-Sperre und Höherlegung ist der Transporter Rockton abseits befestigter Straßen zuhause. Optionale AT-Reifen, kurze Übersetzungen und Protektoren bauen seine Kompetenz weiter aus*

angesetzt, die Heckscheibe verliert ihre unteren Schrägen. Zeitlose Präsenz prägt ihre Form, als auch die der neuen LED-Rückleuchten. Mit der optionalen Zweifarblackierung und den Alufelgen mit stilisierten Chromradkappen nimmt der Youngster gar Anleihen bei seinen Urahnen.

Erneut gönnt der niedersächsische Autobauer dem Bulli eine komplett neue Motorengeneration, zumindest auf Seiten der Diesel. Der T6 profitiert dabei vom zwei Jahre später debütierenden neuen Crafter, für den die verstärkten Motoren der Baureihe „EA 288 Nutz" entworfen wurden. Wieder als Zweiliter-Vierzylinder konzipiert, sind die Vertreter dieser Baureihe ungleich robuster ausgelegt als ihre Vorgänger im T5.2. Und deutlich sparsamer: Der durchschnittliche Kraftstoffverbrauch sinkt um etwa einen Liter. Auf einen neuen Minimal-Wert von gerade einmal 5,5 Liter auf 100 km. Die vier Triebwerke decken eine Leistungsspanne von 84 bis 204 PS ab, der Top-Diesel kommt erneut mit Bi-Turboaufladung. Ein Start/Stopp-System ist genauso selbstverständlich wie ein SCR-Kat nebst Harnstoffeinspritzung. Damit ist der T6 gut gerüstet für die im Herbst anstehende Euro 6-Abgasnorm. Daran werden auch die beiden bekannten Benzin-Turbomotoren angepasst, die zudem Ausgleichswellen für eine bessere Laufruhe spendiert bekommen.

Mehr Ruhe und Präzision bietet auch das komplett neu abgeschmeckte Fahrwerk. Adaptive Dämpfer (DCC) heben seine Performance optional auf ein ganz neues Level. Dazu werden verschiedene Sensoren ausgewertet, der Durchfluss der Dämpfer radselektiv gesteuert – viele Male pro Sekunde. Der Pilot kann aus drei Setups wählen – „Comfort" etwa für anspruchsvolle Passagiere oder „Sport" für die flotte Partie auf kurvigem Geläuf. Noch nie war Bullifahren so dynamisch-präzise und dabei gleichzeitig so oberklassig-komfortabel.

Überhaupt kann die sechste Bulli-Generation bei den Assistenzsystemen neue Maßstäbe setzten. Ganz gleich ob Fernlichtregulierung, Müdigkeitserkennung oder der Radartempomat ACC – der Bulli unterstützt den Fahrer nach Kräften. Mit einem Radar überwacht er zudem den Bereich vor dem T6, warnt in kritischen Situationen und leitet im City-Verkehr auch eine Notbremsung ein. Zudem kann er online die beste Route planen, Wettervorhersagen und Nachrichten abrufen oder den günstigsten Kraftstoffpreis in der Umgebung suchen. Die neuen Infotainmentsysteme erlauben zudem eine Spiegelung des Smartphones. Und: Der Bulli hört auf seinen Fahrer. Zumindest einfache Befehle kann er via Sprachbedienung umsetzen.

# T5/T6 (2003–2024)

Volkswagen bleibt sich treu – und liftet 2019 den T6 mit einer großen Produktpflege zum T6.1. Digitale Anzeigen für die PKW-Varianten, via eSIM vernetzte Infotainmentsysteme mit Touchbedienung und großem Bildschirm sowie induktives Smartphoneladen – der Bulli ist endgültig in der digitalen Neuzeit angekommen. Dazu gibt es eine neue elektromechanische Servolenkung, die nicht nur

Als T6.1 wird der Bulli zum Digital Native. Neben einem vernetzten Digitalcockpit sticht auch die elektrische Servolenkung hervor, die ganz neue Assistenzsysteme möglich macht. Dazu tritt der neue Bulli sichtbar moderner auf

das Pilotieren erleichtert, sondern ganz neue Assistenten möglich macht. Der T6.1 parkt selbstständig rückwärts ein. Und auf Knopfdruck auch wieder aus. Bei Seitenwind etwa lenkt er gegen, holt sich bei Überfahren der Mittellinie automatisch zurück in die Spur. Und vermeidet via Verkehrszeichenerkennung manch Blitzer-Knöllchen, praktisch.

Neue Scheinwerfer und ein größerer Kühlergrill differenzieren den T6.1 vom Vorgänger, hinten gibt's eine moderne Grafik für die Leuchten. Auch das Cockpit wurde neu gestaltet, dabei aber auf eine extra Version für die PKW-Varianten verzichtet: Multivan, California und Co. teilen sich die Armaturentafel mit Kastenwagen und Pritsche. Im Aggregateportfolio entfallen die Benzinmotoren, die im T6 nur noch homöopathische Einbauraten erzielen konnten. Die beiden Basis-Diesel erstarken, die 150- und 204-PS-TDI werden weitergeführt. Einen Nachschlag in Sachen Schadstoffarmut gibt's Ende 2020: Der Bulli erhält ein doppeltes SCR-System, je einen Kat nebst Harnstoffeinspritzung nah am Motor und motorfern. Damit werden die Stickoxid-Emissionen in deutlich weiteren Betriebsbereichen reduziert. Dass zudem der Verbrauch um durchschnittlich einen halben Liter sinkt, macht diese Antriebsüberarbeitung besonders attraktiv. Nicht nur sauber, sondern rein – die TDI zeigen sich von ihrer besten Seite.

Doch Ungemach droht dem T6.1 von anderer Seite: durch die UN-Cybersicherheit-Richtlinie UNECE R155 und ihre Schwester UNECE R156 für Softwareupdates. Fahrzeuge, die nicht entsprechend homologiert sind, dürfen nach dem 1. Juli 2024 nicht mehr zugelassen werden. EU-weit und in vielen anderen Ländern der Welt. Der Aufwand zur Umrüstung des Bulli ist nicht darstellbar. Seine Produktion endet daher am 26.06.2024 so wie sie 74 Jahre zuvor in Wolfsburg mit der ersten Generation begann – mit einem Transporter. Lackiert in Taubenblau, logisch. Schließlich war dies auch damals der einzig dafür wählbare Farbton. Doch damit ist die Bulli-Geschichte nicht beendet, ganz im Gegenteil: Volkswagen fächert das Phänomen „Bulli" in der Jetztzeit zu einem veritablen Dreiklang auf.

**oben:** *4350 Transporter rüstet der Premium-Partner Abt in Kempten auf E-Antrieb um – bis der ID. Buzz die Bühne betritt. Die 83-kW-E-Maschine reicht für Tempo 120, der 37,3 kWh-Akku für 121 Kilometer Reichweite. Gedrosselt auf 90 km/h gehts 138 Kilometer weit*

**unten:** *Am 26.06.2024 wird in Hannover der letzte T6.1-Transporter gefertigt. In der Sonderlackierung Taubenblau – eine Hommage an den T1-Vorfahren. Damit endet die Transporter-Fertigung im ehemaligen Volkswagen-Werk 2, der Nachfolger wird in der Türkei montiert*

# T5/T6 (2003–2024)

## *Millionenseller*

Rund 3,55 Millionen Einheiten von T5, T6 und T6.1 werden zwischen 2003 und 2024 gebaut – im Stammwerk Hannover und im Werk im polnischen Poznań

## *Aggregatevielfalt*

Das Motorenportfolio ist breit aufgestellt. Die Benzinmotoren leisten 115 bis 204 PS, entfallen aber beim T6.1. Genügsame 86 bis dynamische 204 PS leisten die Diesel, allesamt TDI-Motoren

## *Jubiläum*

Am 8. März 2016 feiert das Transporterwerk in Hannover 60-jähriges Jubiläum. Los ging es mit rund 4000 Mitarbeitern, 2016 arbeiten 14.500 Mitarbeiter an diesem Standort

## *Doppeltes Lottchen*

Ein Viertel Jahr laufen zwei Bulli-Generationen gleichzeitig vom Band: Im Mai 2016 wird die Produktion des T6 hochgefahren, während gleichzeitig die des T5 ausläuft. Ihr Schlusspunkt aber sitzt erst im August

## *GTI-Bulli?*

Im T5/T6 wuchtet der 2.0 TSI-Motor 350 Nm auf die Kurbelwelle – deutlich mehr als im Golf GTI VI (280 Nm). In Sachen Leistung aber macht der Kompaktsportler die Pace: 211 zu 204 PS

## *Erfolg*

Sechs Jahre nach Produktionsbeginn, genauer gesagt am 30. Juni 2009, wird der einmillionste T5 gefertigt

## Geburtstagsparty

2007 feiert Volkswagen „60 Jahre Bulli“ – anlässlich Ben Pons Skizze von 1947. Rund 71.000 Besucher und 5.000 Busse feiern auf dem Expo-Gelände in Hannover mit

## Van oft the Year

2004 räumt der T5 die begehrte Trophäe internationaler Fachjournalisten ab, 2016 sein Nachfolger T6

## Endlich Bulli

„Bulli“ durfte der VW-Transporter zum Produktionsbeginn 1950 nicht heißen – man fürchtete Überschneidungen zum Bulldog-Traktor der Lanz AG. Später hält die Kässbohrer Geländefahrzeug AG die Rechte an den Wortmarken „Bulli“ und „Bully“, verkauft sie aber am 6. Oktober 2007 an Volkswagen

## Pannensicher

Die ADAC-Pannenstatistik vom Mai 2006 weist die im Vorjahr zugelassenen T5 als besonders zuverlässig aus: Sie erreichen den bis dato besten Wert in der Kategorie „Van“ – nur 1,4 Pannen je 1.000 Autos

## Campervan-Manufaktur

Mit dem T5 holt Volkswagen die Entwicklung und Fertigung des Camping-Bullis ins eigene Hause: Im kleinen VW-Werk in Hannover-Limmer werden die Bulli-Rohkarossen zum California komplettiert – in Handarbeit

## Festival

Im Sommer 2023 lädt Volkswagen zum großen Bulli-Festival – auf dem Messegelände Hannover. Mehr als 80.000 Besucher kommen mit 6.000 Bullis und feiern drei Tage ein rauschendes Fest

CAMPING-BULLI

ornia
ming
OCEAN

# Hotel California

**75 Jahre Bulli sind gleichbedeutend mit 75 Jahren Camping. Denn von der ersten Stunde an transportiert der große Volkswagen nicht nur Waren, sondern auch Träume, Wünsche und die Sehnsucht nach der Ferne**

*Die Camping-Box bietet laut Prospekt das Sideboard zu 595 DM, der Kleiderschrank kommt mit 125 Mark hinzu. Die Einrichtung lässt sich auch zu Hause nutzen, das macht den Bulli zum Mehrzweck-Talent*

Die Dachklappe sorgt für Luft und Licht, die Ausbauten tragen „SO"-Nummern: „Sonderfahrzeug". Parallel bieten immer mehr Aufbauhersteller eigene Kreationen, während unzählige Gebraucht-Bullis privat ausgebaut werden

Der legendäre „Berlin-Ausbau" ab 1976: Der Entfall der Trennwand erlaubt Drehsitze, die Küche sitzt fahrerseitig. Für Jahrzehnte wird so ein Goldstandard definiert

Der T2b als Camper: Das Aufstelldach bietet Stehhöhe und zwei zusätzliche Schlafplätze, das Reserverad am Bug spart Platz im Inneren. An der linken Flanke befindet sich unterm weißen Deckel der Landstromanschluss

*Der T3 California verblüfft mit seinem großzügigen Innenraum, oben der Blick vom gedrehten Beifahrersitz aus. Bis zum Produktionsende 1990 greifen rund 22.000 Reisemobilisten zu, „Pastellweiß" und „Marsalarot" sind die einzigen Farben*

Der Lastesel des Wirtschaftswunders ist 1950 kaum auf den Markt, da entdeckt der Mensch die Reisetalente des Bulli. Schon bald macht die „Camping-Box" von Westfalia von sich reden, 1956 wirbt ein Prospekt für das „Autowandern mit eigenem Hotel". Volkswagen nimmt den „VW-Campingwagen", welch Ritterschlag, ins eigene Programm. Den Ausbau realisiert Westfalia.

Der Boxer im Heck stört nicht, vielmehr ist er die Voraussetzung für die ideale Raumausnutzung. Das bleibt auch beim T2 so, Westfalia fertigt Anfang der 1970er-Jahre bis zu 125 Camper pro Tag, die Versionen tragen Städtename wie Oslo oder Helsinki. Legendär wird der „Berlin-Ausbau", der Wegfall der halbhohen Trennwand hinter den Vordersitzen erlaubt drehbares Gestühl und großzügige Grundrisse, die sich im T3 fortsetzen. Auch der

*Der T4 setzt die Idee des California fort, auch wenn der Motor nun vorne arbeitet. Die Bandbreite ist enorm: Kurzer und langer Radstand, Aufstelldach und Hochdach – es ist alles am Start*

1988 servierte California, „die mobile Ferienwohnung für vier Personen“ huldigt der Idee des kompakten und doch voll ausgestatteten Campers. Allerdings liegt der „Cali“ flotte 10.000 DM unterhalb des eng verwandten Westfalia Joker. Wer auf die Doppelverglasung oder die Heizung verzichtet, ist mit dem „Cali“ bestens beraten. Entsprechend bringt Volkswagen ein Jahr nach dem California noch eine verfeinerte Ausgabe namens „Atlantic“.

Auch im T4 bleibt der bekannte California-Grundriss erhalten, wie auch im T5. Dafür wird der 2004 vorgestellte California nun zu 100 Prozent VW. Mit ihm wird erstmals der werkseigene Bau des Reisemobils umgesetzt, die Ehe mit Westfalia ist zu Ende. Auch löst das aus leichten Alu-Sandwich-Platten gebaute Mobiliar die mehr nach einer „Schreinerlösung“ wirkende Ästhetik der Vergangenheit ab.

*Seit 2016 gibt es den Faltenbalg des Aufstelldaches nicht mehr nur in „Alpin Grey", sondern auch in „Glacier Blue" und in „Strawberry Red". Im Jahr darauf kommt das optionale „Innenleuchtenkonzept Camper" hinzu*

Pfiffige Details schaffen zusätzlich Platz im Inneren, wobei vor allem der in der Schiebetür verstaute Klapptisch oder die in der Heckklappe untergebrachten Campingstühle als geniale Lösung gelten. Solche Features zeigen es deutlich: Der Bulli hat nun mehr als sechs Jahrzehnte Camping-Erfahrung im Gebälk. Und bis zu 204 PS obendrein, vom optionalen Allrad gar nicht zu reden. Den bietet VW natürlich auch für den Transporter der sechsten Generation, die zum Sommer 2015 debütiert, und in einer verfeinerten Version als T6.1 bis Sommer 2024 als Camper gebaut wird.

Und wieder einmal ändern sich die Zeiten, auch wenn der New California unter den bekannten Namen Coast, Beach und Ocean antritt. Innen freilich ist alles neu, was vor allem beim Flaggschiff zu sehen ist: Der Ocean basiert auf dem Multivan Life und ist ent-

*2017 stellt der Cali-T6 mit 15.155 Exemplaren einen Rekord auf, bis dato entstanden 157.500 California. Der Beach punktet mit Platz und einem Klappherd in der Wand, der Coast ist der vollwertige Camper. Der Ocean bietet als Flaggschiff auch noch ein elektrohydraulisches Aufstelldach. So bleibt es auch beim Cali 6.1. Der hält – dank großem Fenster vorne im Balg – sogar eine Dachterasse bereit, und erreicht 2023 mit 26.352 Einheiten seinen Zenit*

sprechend gut bestückt mit Assistenzsystemen. Die zweite Schiebetür sorgt für Zugang zum verkürzten Küchenblock von außen, auch der Kühlschrank ist besser erreichbar.

Ein Klapptisch an der Küche bietet Platz für einen weiteren Kocher im Freien – gern unter der fahrerseitigen Markise, eine zweite kann gegenüber montiert werden. Der „Draußen-Tisch" reist nun im Heck mit, doch die verbesserten Campingstühle wohnen noch immer in der Heckklappe. Und auch das Geschränk wirkt bekannt, es besteht nach wie vor aus leichtem Alu-Sandwich. Dafür entfiel die recht schwere Rücksitzbank, Einzelsitze lassen sich leichter verschieben oder demontieren. Ein echter Fortschritt. Für die Nacht wird das Bett über die umgeklappten Sitze ausgebreitet, während die vorderen natürlich drehbar sind. Genau so, wie es schon 1976 der Fall war. Auch so erfinden sich Ikonen immer wieder neu ...

Seit 2004 entsteht der California im Stadtteil Limmer, die Basisfahrzeuge laufen acht Kilometer entfernt im Stammwerk vom Band. Dort erhalten sie bereits die notwendigen Ausschnitte für Dach, Fenster und Anschlüsse

Der Kreis schließt sich, seit 2024 basiert der California auf dem VW Multivan. Die zweite Schiebetür eröffnet nun auch die linke Seite, und somit ganz neue Freiräume. „Autowandern mit eigenem Hotel", nur eben ganz modern

*Für die Nacht wird das Bett über die umgeklappten Sitze ausgebreitet, luftiger schläft es sich indes im Aufstelldach*

*California Coast und Ocean bieten eine kompakte Sommerküche mit Gaskochstelle, Spüle und Kühlschrank*

# Zurück in die Zukunft

Mit seiner charmanten Linienführung nimmt der ID. Buzz Anleihen am kultigen Ur-Bulli der ersten Generation, würzt unser Straßenbild mit einer gehörigen Portion guter Laune. Und stromert dank E-Antrieb konsequent in Richtung Zukunft

*Bei aller Nähe zum T1-Design emanzipiert sich der ID. Buzz doch zu einer eigenständigen Linienführung. Die kommt gerade in der hier gezeigten Langversion gut zur Geltung*

*Drei Sitzreihen im ID. Buzz – das ist nur in der Variante mit verlängertem Radstand möglich. Optional mit zwei Einzelsitzen in der Mitte oder einer Bank für drei, ganz so wie im kurzen ID. Buzz*

Opulentes Faltschiebedach und charismatische Zweifarblackierung, acht hinreißende Oberlichter und die kultige V-Front mit Kulleraugen – keine Frage, dem Sechziger-Jahre-Charme eines späten Samba-Bulli kann man sich schwerlich entziehen. Just mit dieser Ausstrahlung kokettiert auch der ID. Buzz, der konsequente Vollstromer im Dreiklang der aktuellen Bulli-Generation. Seit 2022 transportiert er nicht nur die Bulli-Idee ins Zeitalter der Elektromobilität, sondern avanciert mit seinem hinreißenden Design gleich zum emotionalen Aushängeschild der E-Mobilität.

Los geht es jedoch viel früher, kurz nach der Jahrtausendwende: Auf der NAIAS-Motorshow 2001 in Detroit begeistert die „Microbus"-Studie auf dem Volkswagen-Stand die Besucher. In ihren Maßen ähnelt diese dem heutigen ID. Buzz verblüffend. Unter der Haube freilich sitzt ein VR6-Benzinmotor. Man will mit dem Microbus die

*Acht Oberlichter, reichlich Chromornat und ein gewaltiges Stoffschiebedach – der schmucke Samba ist der Publikumsliebling innerhalb der T1-Familie. Was sich auch im Preis bemerkbar macht, der heute fast immer sechsstellig ausfällt*

Erfolge des Retro-Volkswagens „New Beetle" auf Bulli-Ebene wiederholen. Doch aus einer Überführung in die Serienreife wird nichts. Auch die folgenden Studien „Bulli-Concept" (2011) sowie „BUDD-e" (2016) dürfen im Nachhinein als Fingerübung gewertet werden. 2017 aber klappt es, die Studie „ID. Buzz" – erneut in Detroit präsentiert – schafft den Durchbruch. Eine Voraussetzung: der flammneue „modulare Elektrifizierungsbaukasten" (MEB), auf dem Volkswagen seine ID. Familie aufbaut.

Die Studie kommt dem heutige Serienauto bereits erstaunlich nahe. Und das rollt im März 2022 ins Scheinwerferlicht – als fünfsitziger ID. Buzz und als Transporter ID. Buzz Cargo. Der Nomenklatur der VW-Elektroautos folgend, tragen sie das „ID." im Namen, gefolgt vom Kunstwort „Buzz". Das, englisch ausgesprochen, auf die Wörter „Bus" und „Summen" verweist – ein kreatives Wortspiel um die Themen Bulli und Elektromobilität.

**unten links:** *Das zweifarbige, chromverzierte Interieur des T1-Samba verströmt den Geist der Wirtschaftswunderzeit mit jeder Pore – der Wiederaufbau ist gewuppt, die Geschäfte florieren. Man kann sich wieder etwas leisten*

**unten rechts:** *Ein schüchterner Tachometer, eine Handvoll Schalter nebst Kontrolllämpchen – mehr braucht es 1964 nicht, um einen VW-Bus zu kontrollieren. Die Tankuhr links im Bild ist da erst zwei Jahre Bestandteil der Ausstattung*

**oben:** *Als Digital Native verfügt der ID. Buzz über ein vernetztes, digitalisiertes Cockpit mit zentralem Touchdisplay, Sprachbedienung und Touch-Flächen. Online-Funktionen unterstützen den fahralltäglichen Betrieb nachhaltig*

*Chefdynamiker der ID. Buzz-Familie: der GTX mit 340 PS und Allradantrieb*

**oben:** *Die Einzelsitze der Reihe drei lassen sich leicht demontieren, die der mittleren Reihe umlegen. Damit ist der ID. Buzz mit langem Radstand auch für anspruchsvolle Transportaufgaben gut gerüstet*

**unten:** *Der ID. Buzz kommt mit eingebautem Tempolimit – wie die meisten E-Autos: Bei 160 km/h ist Schluss, beim Basismotor schon bei 145 km/h. Das schont Nerven und Batterie*

Bei allem Bezug auf den Urvater wahrt das Design des ID. Buzz gekonnt die Balance, nicht in den Retro-Kitsch abzurutschen. Zentrales Element, sowohl des T1 als auch des ID. Buzz: die V-förmige Front zwischen den Scheinwerfern. Doch während der Ur-Ahn mit ovalen Bilux-Scheinwerfern munter in die Welt schaut, verleihen flache, nach innen gepfeilte Matrix-LED-Einheiten dem ID. Buzz einen entschlossenen Blick.

Von der Seite betrachtet, fällt die klare Zweiteilung zwischen Glashaus und einem Ruhe ausstrahlenden Unterbau auf, der durch die Zweifarblackierungen noch betont wird. Und die kurzen Überhänge vorne wie hinten, darin sind sich Wirtschaftswunder- und E-Bulli einig. Doch beim Radformat weist der ID. Buzz den Weg in die Neuzeit, lässt die T1-Pneus wahrhaft schmalbrüstig erscheinen. Die breite D-Säule nimmt Anleihen an die Bulli-Generationen zwei und drei, drei Designstreifen reminiszieren ihre Kühllufteinlässe.

„Ein besonderes Design-Merkmal des ID. Buzz ist diese Sympathie, die er wieder zurück auf die Straße bringt", fasst Albert-Kirzinger, Design-Chef von VW Nutzfahrzeuge, zusammen.

Eine Doppelklapptür eröffnet den T1-Fond– eine Schiebtür gab es erst in den letzten Modelljahren. Letztere ist beim ID. Buzz freilich Serie – auf beiden Seiten. Sitzt der Pilot im T1 auf der Vorderachse, logiert er beim Stromer ein wenig dahinter. Der kommuniziert dafür nach Kräften – via kleinem Digitaldisplay auf der Lenksäule, großem Mitteltouchscreen, Head-up-Display oder einem Lauflicht vor der Windschutzscheibe. Dank Sprachassistent auch direkt im Zwiegespräch. Und: Selbstverständlich ist der ID. Buzz stets online. Seine Informationsfülle würde den T1-Piloten der 1960er-Jahre wohl überfordern: Mehr als ein Jahrzehnt gibt es den Wirtschaftswunder-Bulli ausschließlich mit Tachometer. Nach elf Jahren Bauzeit spendiert Volkswagen ein zweites Instrument: die Tankuhr – eine kleine Sensation.

Im Fond des ID. Buzz gibt es eine geteilt verschiebbare Bank mit drei Sitzplätzen. Und einen opulenten Gepäckraum. Doch beim Blick auf den T1 mit seinen sechs Fondplätzen kommen Fragen auf. Antworten liefert der ID. Buzz mit langem Radstand. Ein Plus von 25 Zentimetern macht nicht nur eine dritte Sitzreihe möglich, die den Stromer zum Sechs- oder Siebensitzer adelt, sondern auch die Montage eines Kingsize-Akkus mit 86 kWh unterflur. Der bis zu 487 Kilometern Reichweite sichert.

**oben:** *Ein Gesicht wie kein zweites: Polierte Aluminium-Zierleisten in V-Form prägen die Samba-Front genauso wie das riesige, verchromte Markenlogo und die runden Scheinwerfer*

**unten:** *105 Stundenkilometer kann der T1 erreichen – aber nur mit dem großen 1,5 Liter-Boxermotor (42 / 44 PS) der letzten Baujahre. Der erste Motor leistet 25 PS, das reicht für beschauliche 80 km/h*

## Generation 7

| T1 | |
|---|---|
| **Baujahr** | 1950 – 1967 |
| **Länge** | ab 4,10 m |
| **Breite** | ab 1,70 m |
| **Höhe** | ab 1,90 m |
| **Leistung** | 25 – 44 PS |
| **Antrieb** | Luftgekühlter Boxermotor |

Einigkeit herrscht beim Antriebslayout. Der Motor sitzt bei beiden Bulli-Generationen an der Hinterachse und treibt die Hinterräder an. Über die maximal 44 PS des T1 kann der ID. Buzz freilich nur schmunzeln – 170 PS (125 kW) leistet der Basismotor, 286 PS (210 kW) die goldene Mitte. Darfs etwas mehr sein? Bitte schön: Der sportive GTX powert mit 340 PS (250 kW) und kommt mit einem Dualmotor-Allradsystem. Damit geht's in minimal 6,1 Sekunden auf Tempo 100.

Einerlei, ob GTX oder Basismotor – gute Laune verbreitet der ID. Buzz so oder so. Darin steht er seinem schmucken Urgroßvater kaum nach.

| Der ID. Buzz | |
|---|---|
| **Baujahr** | ab 2022 |
| **Länge** | ab 4,71 m |
| **Breite** | 1,99 m |
| **Höhe** | 1,93 m |
| **Leistung** | 170 – 340 PS |
| **Antrieb** | E-Motor |
| **Besonderheiten** | Allradantrieb optional |

*Fröhlich schnattert der luftgekühlte Boxermotor im Heck des schnuckeligen Samba. Es ist der Klang, der die Straßen der jungen Bundesrepublik erfüllt. Bis weit hinein in die ernster werdenden 1980er-Jahre*

*Mitgedacht: Ein klappbares Board organisiert den Kofferraum des ID. BUZZ. Sein Ladekabel findet in einer der beiden Kisten darunter Platz*

# In vier Generationen zur Ikone unter den Vans

**Das Jahr 1985 ist für den Bulli ein herausragendes: Auf dem Höhepunkt seiner Dienstzeit erobert der T3 völlig neue Segmente. Die breite Masse überzeugt er hierbei als Multivan. Den erfindet Volkswagen nun neu, der Name wird gar als eigene Baureihe geadelt. Die fährt zwar leichter, vernetzter und aerodynamischer als alle Vorgänger, knüpft aber dennoch mit der klassischen Bulli-DNA an die Historie an. Willkommen daheim!**

Zu Anfang wird der Neuling noch als „Studie" präsentiert. Doch das, was da im Herbst 1985 auf der IAA in Frankfurt am Main gezeigt wird, das ist spektakulär. So spektakulär, dass die Umsetzung des bei Westfalia entwickelten Wagens unumgänglich ist. Ziemlich genau ein Jahr später startet der Multivan dann auch tatsächlich durch, bald von VW in Eigenregie gefertigt. Das Erfolgsrezept – man nehme den besten Transporter seiner Zeit und füge den Fahrkomfort eines Pkw samt einer nie dagewesene Variabilität des Innenraums hinzu – hat sich in all den Jahren nie geändert. Auch deshalb wird der Multivan bald zur Ikone unter den Vans. Das automobile Multitool für Familie, Job, Freizeit oder die Reise entwickelt sich mit dem aktuellen Multivan zu einer eigenen Baureihe.

Einen Crossover aus Kastenwagen und Pkw, Van und Camper zu kreieren, und das lange, bevor es den Begriff überhaupt gibt, das hat schon 1985 Charme. Immerhin treffen hier komfortable Fahreigenschaften auf ein multivariables Interieur. Im Heck des T3 kann die Rückbank zu einer Liegefläche umgebaut werden, zudem gibt es bereits im Ur-Modell den ausklappbaren Tisch. Beides verwandelt den T3 binnen Sekunden in ein kompaktes Reisemobil für Minimalisten.

*Der Multifunktionstisch kann als Mittelkonsole zwischen Fahrer- und Beifahrersitz ebenso punkten wie als ausklappbare Arbeitsfläche samt Getränkehaltern und Staufächern in der zweiten und dritten Sitzreihe*

Überhaupt, der Tisch! Der gehört einfach zur DNA des Multivan. Auch deshalb reift der rasch zu einem der erfolgreichsten Vans überhaupt. Mit jeder Modellgeneration aufs Neue, und – fast – alle basieren auf dem Transporter. Denn nach der Evolution des T3 zum T4, T5, T6 samt seinem Update zum Multivan 6.1 rollt 2021 schließlich ein komplett neuer Multivan auf die Straße. Als eigene Baureihe, generell mit zwei Schiebetüren. Dass diese Basis gar als Fundament für den kommenden California taugt, das sei an dieser Stelle nur nebenbei angemerkt.

Doch zurück zum Tisch! Seine Konzeption wird im Detail immer innovativer. Wobei, um ehrlich zu sein, die aktuelle Version eher ein Feature denn einen Tisch besitzt. Denn das Multifunktionssystem ist zugleich als Mittelkonsole nutzbar, und lässt sich dank Schienensystem variabel im Fond verschieben. Da die entsprechenden Gleise zudem bis nach ganz vorn reichen, kann der „Tisch" auch in der ersten Reihe eingesetzt werden, zwischen Fahrer- und Beifahrersitz. Das gab es noch nie.

*Der Anfang der Legende: Schon im T3 herrscht dank großer Fensterflächen eine luftige Atmosphäre. Die hintere Sitzbank lässt sich für die Nacht umklappen, der Motor wohnt hier noch immer im Heck*

SEAJETS FERRIES
WOB JD 248

Auch hinten sind die Änderungen spürbar. Im Fond bietet der neue Multivan nur noch Einzelsitze, die sich leicht ausbauen oder umgruppieren lassen. Je nach Ausstattung und Position bringen sie maximal 29 Kilo auf die Waage. Selbst eine Sitzheizung ist dank bestromter Schienen am Start. Bis zu fünf Gäste reisen im Fond mit, über denen sich auf Wunsch ein Panorama-Glasdach wölbt, ein weiteres Novum. VW hat dem Multivan mal eben das größte Glasdach des Konzerns spendiert, 1,8 Quadratmeter messend. Selbst das Ladevolumen erhöht sich durch das lichte Panorama, um bis zu 48 Liter gar. Damit verdaut der Laderaum des in zwei Längen gebauten Multivan bis zu 4.053 Liter.

**oben:** *Die jüngste Evolutionsstufe kommt generell mit zwei Schiebetüren, als „Doppellader" auf die Straße*

**links:** *Die 1980er waren übersichtlich, die Jetztzeit bietet vernetzte Displaylandschaften eines digitalen Cockpits*

## Generation 7

Die 2021 präsentierte Multivan-Generation markiert zudem den Aufbruch in die automobile Dreifaltigkeit des Bulli. Denn das Spektrum fächert fortan in drei Säulen auf. In der Mitte rollt „noch“ der bis 2024 gebaute Transporter 6.1. 2022 dann startet der ID. Buzz in die rein elektrische Zukunft, während der Multivan die Aufgabe des talentierten Allrounders übernimmt. Komfortabler als je zuvor, aber mit modernster Technik, bereits zur Einführung stehen zwei Benziner mit bis zu 204 PS in den Startlöchern, sowie ein Plug-in-Hybrid. Die Kraftverwaltung übernimmt generell ein Doppelkupplungsgetriebe, ein DSG: Ein weiteres nettes Feature, und eines coolen Vans wahrlich würdig!

Doch auch Coolness lässt sich weiterentwickeln: Inzwischen schiebt der Plug-in-Hybrid-Antrieb der zweiten Generation den Kult-Bus Multivan an. So kommen im neuen Multivan eHybrid 4MOTION, und entsprechend auch im California eHybrid 4MOTION, Turbobenziner namens „1.5 TSI evo2“ zum Einsatz. Der 177 PS starke Vierender wird von einem Turbo mit variabler Turbinengeometrie versorgt, sowie von einer effizienten Hochdruckeinspritzung. Beides sorgt für den hohen Wirkungsgrad des Motors und senkt den Verbrauch.

*Für den T3 waren Diesel und Benziner mit bis zu 112 PS lieferbar. Der neue Multivan hingegen trumpft schon zur Markteinführung mit zwei Turbobenzinern und einem eHybrid auf. TDI-Motoren folgten etwas verzögert. Jüngster Trumpf: der eHybrid 4Motion*

Kombiniert wird der Benziner an der Vorderachse mit einer 115 PS starken E-Maschine. Sie ist gemeinsam mit dem Direktschaltgetriebe (DSG) in ein Plug-in-Hybrid-

## Generation 7

*Die Liegefläche macht den T3-Multivan zum Begleiter auch auf kleinen Reisen, der Erbe will erst mit dem „Gute-Nacht-Paket" aufgewertet werden. Dafür gibt es ihn auch mit Panoramadach*

| T3 Multivan | |
|---|---|
| **Baujahr** | 1985 - 1992 |
| **Länge** | 4,57 m |
| **Breite** | 1,84 m |
| **Höhe** | ab 1,95 m |
| **Leistung** | 50 – 112 PS |
| **Antrieb** | D, TD, WBX |
| **Besonderheiten** | erster Multivan |

Modul integriert. Ein weiterer technischer Baustein wohnt im Heck, hier kommt eine zweite E-Maschine mit 136 PS an der Hinterachse zum Einsatz. Der Verbrenner und die beiden E-Maschinen entwickeln zusammen ein Systemdrehmoment von 350 Nm – die maximale Kraft steht nahezu aus dem Stand heraus zur Verfügung.

Doch Coolness kommt auch ohne Krach aus. Der Multivan macht sich flüsterleise auf die Socken: Dank 19,7 Kilowattstunden großer Lithium-Ionen-Hochvoltbatterie sind rein elektrische Reichweiten von rund 90 Kilometern realisierbar. Und das alles auf Basis eines Verbrenners, auf dessen Hubraum-Niveau sich der Bulli zuletzt in den 1960er-Jahren bewegte.

| Der Multivan | |
|---|---|
| **Baujahr** | ab 2021 |
| **Länge** | ab 4,97 m |
| **Breite** | 1,94 m |
| **Höhe** | 1,91 m |
| **Leistung** | 150 – 245 PS |
| **Antrieb** | TDI, TSI, PHEV |
| **Besonderheiten** | elektrischer Allradantrieb optional |

***Mehr als 35 Jahre liegen zwischen den beiden Versionen, die trotzdem der gemeinsamen Idee eines multifunktionalen Fahrzeugs frönen. Und auch die klassische Bulli-DNA ist in beiden Generationen spürbar***

WOB JE 366
MULTIVAN

# Caravelle: Gehobene Ansprüche

**Stets nach den Werksferien gönnt sich VW größere Neuanfänge. So auch im September 1983, in jenem Herbst beginnt die Ära edler Caravellen mit komfortablem Innenraum. Heute nun findet sich selbst in der dritten Reihe eine 3er-Sitzbank, hinter die zusätzlich noch maximal ein Kubikmeter Ladevolumen passt. Das, was dereinst nach einem Segelschiff der frühen Neuzeit benannt wurde, hat eine ganz eigene Größe erreicht**

H NV 266E

# Generation 7

Mit dem Namen Caravelle startet auch die Neugliederung des Modellprogramms. Dieses sortiert Nutzfahrzeugvarianten in die Rubrik „Transporter“, die Bus-Modelle nennen sich Caravelle. Zudem beginnt die Reise analog zu den Pkw-Baureihen in den drei Ausführungen C, CL und GL. Die Nomenklatur rückt den noblen Personentransporter in die Nähe der VW-Automobile, die Innenausstattung tut es nicht weniger.

Entsprechend reüssieren Fahrzeuge wie der hier zu sehende T4 Caravelle als edel ausgestattete, komfortable Großraumlimousinen. Das prädestiniert den Wagen für den Einsatz als Hotelshuttle oder für Zubringerdienste zum Lear-Jet. Entsprechende Pressefotos der Frühzeit zeigen gerne diese Kombination aus Flugzeug und Raumgleiter. Kurzum: Mit dem Caravelle haben die Hannoveraner das perfekte Geschäftsfahrzeug am Start.

Und das rollt heute auch mal flüsterleise an den Start, der New Caravelle braucht mitunter keinen Flüssig-Kraftstoff. Sondern nur noch eine Steckdose. Denn bereits zum Start gibt es den opulenten Personentransporter in acht Antriebsversionen. Und

*Den mondänen Auftritt beherrscht der Caravelle ab der ersten Sekunde, und auch in der Version der 1990er-Jahre reist man formidabel. Aber eben lange nicht so großzügig wie im aktuellen Caravelle, das ist klar*

erstmals wird die Baureihe nicht nur von den wichtigen Turbodieselmotoren (TDI) mobilisiert, sondern auch von neu entwickelten Elektroantrieben. Die Typbezeichnung lautet entsprechend „e-Caravelle“. Zudem gibt es einen neuen Plug-in-Hybridantrieb, der „eHybrid“. Das Fundament der neuen Bulli-Generation bilden drei TDI-Vierzylinder, die 110, 150 PS und 170 PS aus zwei Litern Hubraum schöpfen. Die beiden stärkeren TDI-Modelle können mit Allrad bestellt werden. In diesem Fall ist automatisch auch die Getriebeautomatik an Bord. Der Plug-in hat eine Systemleistung von 232 PS, der e-Caravelle wird in drei Leistungsstufen mit 136, 218 und 286 PS angeboten. Diese besitzen Heck- mit etwas zeitlichem Abstand auch Allradantrieb.

**oben:** *Auf den Säulen einer großen Geschichte – der neue Caravelle transferiert das ikonisches Design der Vorgänger in die Neuzeit*

**links:** *Der New Caravelle bietet hinter der dritten Reihe, die selbstredend umklappbar ist, bis zu 1.000 Liter Stauraum*

**oben:** *Schon in der Grundversion misst der neue Caravelle 5.050 Millimeter, die Langversion bringt es auf 5,45 Meter*

**rechts:** *Heute wird man von einem digitalen Cockpit in breitem Band empfangen. Der T4 war deutlich schlichter*

Nicht minder wichtig als der Antrieb sind die inneren Werte. Hier serviert die Grundversion „Caravelle" mit drei Einzelsitzen in der zweiten Reihe sowie einer herausnehmbaren 3er-Sitzbank in der dritten Reihe acht Plätze. Wer noch einen mehr möchte, wählt eine 2er-Bank für die Beifahrerseite, dann sind es derer neun. Und wenn es noch etwas komfortabler sein soll, dann bietet sich die mittlere Ausstattung „Life" an. In Wagenfarbe lackierte Stoßfänger und Türgriffe oder die vier zusätzlichen USB-Schnittstellen im Fahrgastraum seien nur beispielhaft genannt.

Die Topversion „Style" setzt sich mit einer eigenständigen Frontpartie samt dunkler Querspange oder den serienmäßigen „IQ.LIGHT – LED-Frontscheinwerfern mit Ma-

H VW 420

**oben:** *Ein Highlight für den Caravelle ist das große Panoramadach, das an den legendären „T1 Samba" anknüpfen möchte*

**unten:** *Diesel und Benziner gab es schon im T4, im New Caravelle wird der Benziner zum „eHybrid". Und ganz elektrisch? Das geht auch!*

trixfunktion" auch optisch ab. Zu den weiteren Ausstattungsmerkmalen des Caravelle Style gehören LED-Rückleuchten mit individualisierter Lichtsignatur, eine Privacy-Verglasung im Fond und 17-Zoll-Leichtmetallräder des Typs „Le Mans". Ebenfalls serienmäßig sind das elektrische Schließ- und Startsystem „Keyless Access", elektrisch anklappbare Außenspiegel, Bi-Color-Kunstledersitze, eigenständige Interieur-Applikationen, ein Multifunktionslederlenkrad oder eine große Mittelkonsole mit Becherhaltern. Eine 3-Zonen-Klimaautomatik mit zusätzlichem Bedienteil für den Fond ist ebenfalls an Bord, pfiffig untergebracht im Dachhimmel. Doch auch die Sonnenschutzrollos in der zweiten Sitzreihe sorgen für Wohlfühlklima an Bord.

Weil es hierfür inzwischen jedoch auch eine Stromversorgung für das Smartphone braucht, sind diverse Schnittstellen fürs elektrische Equipment vorhanden. Hierzu gehören USB-A, USB-C- und 12V-Schnittstellen, sowie eine elektrische Klemmleiste. Dieses zwölfpolige Feature ist für zusätzliche Verbraucher reserviert. Optional stehen zudem Anschlussmöglichkeiten für Geräte mit 230 Volt zur Verfügung. Bei den Dieselversionen befindet sich die entsprechende Steckdose am Fahrersitzgestell. Die Transporter mit Plug-in-Hybrid- und E-Antrieb können optional mit zwei weiteren Lichtstrom-Steckdosen im Laderaum ausgestattet werden. Bis zu 400 Watt an Leistung stehen bereit, die reinen Elektro-Caravelle und jene Modelle mit Plug-in-Hybrid liefern

*In der Höhe geben Normgaragen und Hoteleinfahrten das strenge Limit vor. In der Breite jedoch legt der New Caravelle ordentlich zu. Und jeder Millimeter kommt dem Innenraum zu Gute*

H VW 420

*Auf der Überholspur, der Transporter wird zum Multitool. Die siebte Generation des Erfolgsmodells bietet deutlich mehr Raum, eine höhere Zuladung und größere Anhängelasten*

bis zu 2.300 Watt. Damit gibt es für jedes elektrische Gerät eine passende Stromquelle. Vom Laptop bis zur elektrischen Kettensäge.

Ganz eigene Wege, und das sprichwörtlich, geht der ikonische Caravelle PanAmericana. Diese Zusatzbezeichnung war erstmals im Jahr 2001 auf dem T4 zu lesen. Robuste Allterrain-Verkleidungen der Schweller und Radläufe oder markantes Dekor im Inneren gehören zum Auftritt des stets auf 19-Zoll-Leichtmetallrädern rollenden Raubeins.

Und weil auch die Abmessungen zuzulegen vermochten, reist es sich im Caravelle so mondän wie nie zuvor. Schon die Grundversion legt um 146 auf nun 5.050 Millimeter zu, die Langversion bringt es auf stramme 5,45 Meter. Auch die um 128 auf nun 2.032 Millimeter gewachsene Außenbreite kommt vollständig dem Innenraum zugute. Einzig die Höhe von 1.984 Millimetern rangiert in bekannten Gefilden. Das hat aber auch seinen Grund. Denn ein echter Personentransporter muss auch in eine Hotel-Tiefgarage fahren können. Und nicht nur auf den Flugplatz zum Lear-Jet.

| **T4 Caravelle** | |
|---|---|
| **Baujahr** | 1990 - 2003 |
| **Länge** | ab 4,65 m |
| **Breite** | 1,84 m |
| **Höhe** | ab 1,94 m |
| **Leistung** | 61 – 204 PS |
| **Antrieb** | D, TD, TDI, B |
| **Besonderheiten** | erster Caravelle mit zwei Radständen |

| **Der Caravelle** | |
|---|---|
| **Baujahr** | ab 2024 |
| **Länge** | ab 5,05 m |
| **Breite** | 2,03 m |
| **Höhe** | ab 1,98 m |
| **Leistung** | 130 – 286 PS |
| **Antrieb** | TDI, PHEV, Elektro |
| **Besonderheiten** | elektrischer Allradantrieb optional |

# Hallo Zukunft!

**Elektrifizierte Antriebe sind heute schon gesetzt – für jeden der drei Bulli-Typen. Und morgen? Fährt das Multitool von Volkswagen vollständig autonom. Der Weg dorthin ist überraschend kurz**

*2020 zeigt Volkswagen das Showcar „e-BULLI" – ein mit Komponenten des E-Up! modifizierter T1 Samba (BJ 1966). Und bereitet damit die Bühne für den zwei Jahre danach erscheinenden ID. Buzz*

*Ein neuer Plug-in-Hybrid ist der jüngste Antrieb im Portfolio von Multivan und California. Und der hat es wirklich in sich: Im Verbund mit einer elektrisch angetriebenen Hinterachse bietet er einen innovativen Allradantrieb*

# Generation 7

*Der neue Transporter und der neue Caravelle komplettieren das Trio der aktuellen Bulli-Generation sieben. Neben klassischen Verbrennern und Plug-in-Hybriden sind auch reine Elektro-Antriebe verfügbar*

Der Antrieb der Zukunft ist elektrisch, das steht außer Frage. Doch schon heute kann jeder der drei Bulli-Typen elektrifiziert bestellt werden. Beispiel ID. Buzz: Konsequent als BEV (Battery Electric Vehicle) konzipiert, stromert sich der Bulli mit Retro-Charme in die Herzen. Und das nicht nur als Familien- und Hotelshuttle, sondern auch beim Gütertransport – als ID. Buzz Cargo. Der neue Transporter, der auch als Basis für den Caravelle dient, kommt ebenfalls mit einem potenten Elektro-Antrieb. Wahlweise. Denn es gibt ihn auch teilelektrifiziert als Plug-in-Hybriden (PHEV), der den elektrischen Antrieb für den Nahbereich mit einem klassischen

Verbrenner für die Langstrecke kombiniert. Je nach Anforderungsprofil ist einer der beiden oder der ebenfalls verfügbare TDI die beste Wahl. Auch beim Multivan und dem darauf aufbauenden California hält die Elektrifizierung Einzug im Antriebsstrang – in Form des eHybrid 4MOTION, der einen Plug-in-Hybrid-Antrieb an der Vorderachse mit einer elektrischen Hinterachse kombiniert.

Künftig fährt der Bulli sogar autonom. Und das wird bald Realität. Heute schon sind knapp hundert vollautonome ID. Buzz-Prototypen in Hamburg, München und Austin (Texas) im Testbetrieb unterwegs. Für Ende 2026 strebt Volkswagen eine Großserienzulassung für den autonomen ID. Buzz AD an – zum Einsatz bei Mobilitäts- und Transportdiensten mit eigener Leitstelle. Das Ziel: autonomes Fahren in einem definierten Gebiet, etwa in einer Stadt.

**Der Bulli ist prima aufgestellt, die Zukunft kann kommen!**

*Was sich heute noch wie Zukunftsmusik anhört, wird schon Ende 2026 Realität: Volkswagen will den vollautonomen ID. Buzz AD als Serienfahrzeug für Mobilitätsdienstleister anbieten – zum Einsatz etwa als City-Shuttle*

H
VW 600 H

H CA 197

# Autoren

**Heiko P. Wacker** studierte Geschichte und Philosophie in Heidelberg. Seine Promotion „Heidelberger Schloss: Burg, Residenz, Denkmal" gilt als Standardwerk. Parallel schrieb er bereits als Teenager für verschiedene Medien. Heute ist Dr. Wacker für diverse Verlage tätig, vor allem im Bereich Motor, Technik und Verkehr. Historische Fahrzeuge liegen ihm besonders am Herzen: In der Szene kennt man den bekennenden Bulli-Fan, der keine Scheu vor öligen Fingern hat, als „Schrauber & Schreiber".

**Arne Olerth** arbeitet als freier Automobiljournalist und Autor für verschiedene Verlage und Fachzeitschriften – gerade im Bereich der Klassiker. Zum Volkswagen Bulli hegt er seit Jahrzehnten eine besondere Leidenschaft – auf beruflicher wie privater Ebene. Immerhin befindet sich das erste eigene Auto, ein T1 Kombi BJ 1955, nach 34 Jahren und unzähligen glücklichen Restaurierungsstunden noch immer in seinem Besitz.

**Christian Schlüter** hat sein Hobby zum Beruf gemacht. Er arbeitet bei Volkswagen Nutzfahrzeuge und ist seit seiner Jugend leidenschaftlicher Bulli-Fan. Für ihn ist er das perfekte Fahrzeug, denn sein Motto lautet: „Ein Auto ohne Bett ist kaputt". Auf seinen Reisen verbringt er jährlich weit über 100 Nächte im Jahr im Bulli und beim Campen. Über den VW Bus und seine Reisen hat er bereits mehrere Bücher geschrieben.

H VW 663